基礎物理定数

物理量	記　号	値†
光速（真空中）	c	*$2.997\,924\,58 \times 10^{8}$ m s^{-1}
電気素量	e	*$1.602\,176\,634 \times 10^{-19}$ C
プランク定数	h	*$6.626\,070\,15 \times 10^{-34}$ J s
	$\hbar = h/(2\pi)$	$1.054\,571\,817\cdots \times 10^{-34}$ J s
ボルツマン定数	k	*$1.380\,649 \times 10^{-23}$ J K^{-1}
		$0.695\,034\,8004\cdots$ cm^{-1} K^{-1}
アボガドロ定数	N_{A}	*$6.022\,140\,76 \times 10^{23}$ mol^{-1}
気体定数	$R = kN_{\mathrm{A}}$	$8.314\,462\,618\cdots$ J K^{-1} mol^{-1}
		$0.083\,144\,626\,18\cdots$ dm^{3} bar K^{-1} mol^{-1}
		$0.082\,057\,366\cdots$ dm^{3} atm K^{-1} mol^{-1}
		$62.363\,598\cdots$ dm^{3} Torr K^{-1} mol^{-1}
ファラデー定数	$F = eN_{\mathrm{A}}$	$9.648\,533\,212\cdots \times 10^{4}$ C mol^{-1}
モル体積（完全気体）		
（1 bar，0 °C）		$22.710\,954\,64\cdots$ dm^{3} mol^{-1}
（1 atm，0 °C）		$22.413\,969\,54\cdots$ dm^{3} mol^{-1}
質　量		
電　子	m_{e}	$9.109\,383\,7015 \times 10^{-31}$ kg
プロトン	m_{p}	$1.672\,621\,924 \times 10^{-27}$ kg
中性子	m_{n}	$1.674\,927\,498 \times 10^{-27}$ kg
原子質量定数	m_{u}	$1.660\,539\,066\,60 \times 10^{-27}$ kg
真空の誘電率	ε_0	$8.854\,187\,812\cdots \times 10^{-12}$ C^{2} J^{-1} m^{-1}
	$4\pi\varepsilon_0$	$1.112\,650\,055\cdots \times 10^{-10}$ C^{2} J^{-1} m^{-1}
ボーア磁子	$\mu_{\mathrm{B}} = e\hbar/(2m_{\mathrm{e}})$	$9.274\,010\,078 \times 10^{-24}$ J T^{-1}
核磁子	$\mu_{\mathrm{N}} = e\hbar/(2m_{\mathrm{p}})$	$5.050\,783\,746 \times 10^{-27}$ J T^{-1}
プロトン磁気モーメント	μ_{p}	$1.410\,606\,7974 \times 10^{-26}$ J T^{-1}
自由電子の g 値	g_{e}	$2.002\,319\,304\,362\,56$
磁気回転比		
電　子	$\gamma_{\mathrm{e}} = -g_{\mathrm{e}}e/(2m_{\mathrm{e}})$	$-1.760\,859\,631 \times 10^{11}$ s^{-1} T^{-1}
プロトン	$\gamma_{\mathrm{p}} = 2\mu_{\mathrm{p}}/\hbar$	$2.675\,221\,874 \times 10^{8}$ s^{-1} T^{-1}
ボーア半径	$a_0 = 4\pi\varepsilon_0\hbar^2/(m_{\mathrm{e}}e^2)$	$5.291\,772\,1090 \times 10^{-11}$ m
リュードベリ定数	$R_\infty = m_{\mathrm{e}}e^4/(8\varepsilon_0{}^2h^3c)$	$10\,973\,731.568\,160$ m^{-1}
	hcR_∞/e	
自然落下の加速度（標準値）	g	

CODATA 2018 の推奨値

† 数値の末尾にある(…)は，厳密に定義され　数の
値の端数を表している．

物理化学の基本式 70

稲 葉　章 著

東京化学同人

序

本書は，物理化学の分野で使われている種々の式のうち特に重要なものを選び，その成り立ちや関連する概念について簡潔に解説を加えたものである．数式は，数や量を表す数字や文字を演算の記号で結びつけたものであるが，それを覚えただけでは使いものにならない．物理化学では，その式を適用するための前提や諸条件を含めて，それが述べている内容をよく理解しておく必要がある．この分野は式が多いから苦手という悩みを聞くことがある．しかし，それぞれの式には物理化学の概念が凝縮されているから，むしろこれを逆手にとって，重要な基本式を中心に理解を深めていけば物理化学全体の理解につながることであろう．

物理化学で現れる式は大きく分けて 2 種類ある．実験や観察によって見いだされた法則を式の形で表したものと，理論的な考察や推論によって導出された式である．両者は互いに無関係というわけでなく，たいていは得られた法則から推論によって理論式が提唱されたり，逆に，提案された理論式が実験で後に検証されたりする．これとはべつに，教科書では定義式をいくつか見かけるだろう．それは，理論的な解析や考察を合理的に，しかも系統的に展開できるようにするための式である．定義式についても覚えるだけでは不十分であり，なぜそう定義しておくと便利なのか，どういう利点があるのかを理解しておく必要がある．

本書は 10 章から成り，合計 70 項目について代表的な式を解説している．項目によっては“解説”の次に“関連事項”を設けてあるが，当面は読み飛ばしても差し支えない．一方，簡単な場合でも思わぬ落とし穴がある例を，ドルトンの法則（1 章）にある“分圧”で示しておこう．2 成分系液体と平衡にある蒸気について，ある著名な物理化学者から，“各成分の蒸気分圧を測定するのに特殊な圧力素子があるのか”という質問を受けた．分圧の定義（$p_J = x_J p$）によれば，蒸気中の各成分のモル分率と全圧から“定義によって”求められるのである．

重要な基本式は，実験式か理論式かにかかわらず驚くほど単純な形をしている．普遍的な真理ほど単純な式で手短に要約されるのである．たとえば，気体の状態方程式（1章，$pV = nRT$）やアレニウスの式（5章，$\ln k_{\mathrm{r}} = \ln A - E_{\mathrm{a}}/RT$）は実験で見いだされた．一方，ギブズの相律（3章，$F = C - P + 2$）やボルツマンの式（9章，$S = k \ln W$）は理論的に導出された式である．いずれも実に美しい形をしている．一見複雑に見える式であっても，各因子や項が示す内容を考えれば容易に納得することができる．それが基本式の特徴である．

本書の使い方として念頭にあるのは，常に教科書のそばに置いて学習の助けとすることである．復習に役立てることもできる．また，索引を利用して本書を事典のように使うやり方もあるだろう．持ち運びに便利であるから，電車の中などで学習するのにも適している．ほかにも自分なりの活用法を見いだしてもらえばと思う．なお，各項目の冒頭には★を付して，その数（1～3個）で重要度を示してある．ただし，これは相対的な目安であり，どれも重要な式であることに変わりはない．また，内容の難易度とは違うから注意してほしい．物理量を表す記号については，できる限り一般に使われているものを採用してあるから，どの教科書にも適合すると思う．むしろ，異なる分野で同じ記号を使っている場合があるから注意が必要である．

本書を執筆するうえで，半世紀前の筆者の学生時代の教科書から最近のものまで多数に目を通した．そこで気づいたのは，昔の教科書は実に不親切だということで，この点に関する限り最近の教科書はどれも優れている．古い教科書には概して歴史的な記述が多く，事象や関係式の発見の経緯が詳しく記されている．いまの教科書では式の扱いを最小限にして内容を説明しようとする傾向がある．いずれにしても，物理化学を習得して応用するには，ここに掲げた基本式から逃れることはできない．覚悟を決めて，しかし楽しく学習することにしよう．

東京化学同人編集部の皆さん，とりわけ仁科由香利さんには企画の段階から多数の有益な助言をいただいた．厚く感謝の意を表したい．

2021年9月

稲　葉　　章

目　　次

1. 気体の性質

1・1　完全気体の状態方程式　★★★

▶概要◀　完全気体では，圧力（p）と体積（V），物質量（n），熱力学温度（T）の間に次式が成り立つ．モル体積（V_m）を用いて，示強性の量だけで表すこともある．R は気体定数である．

基本式
No.1
$$pV = nRT \quad \text{あるいは} \quad pV_\mathrm{m} = RT$$

▶解説◀　完全気体（理想気体ともいう）とは，分子間に相互作用が存在しない仮想的な気体をいう．ただし，分子間の衝突はある．実在気体でも希薄なほど（$p \to 0$ につれ）分子間相互作用を無視できるから，完全気体の状態方程式は一種の極限則といえる．また，実在気体の諸性質を説明するうえで不可欠な第一近似の役目をしている．この状態方程式の元になったのは，同じ量（n 一定のとき）の気体について実験で得られたボイルの法則とシャルルの法則である．

$$pV = \text{一定} \qquad \text{ボイルの法則（}T\text{ 一定のとき）}$$
$$V \propto T \qquad \text{シャルルの法則（}p\text{ 一定のとき）}$$

また，気体を分子の集合体とみなすモデルに基づいた当時の提案として，つぎのアボガドロの原理が考えられた．

$$V \propto n \qquad \text{アボガドロの原理（}T, p\text{ 一定のとき）}$$

完全気体の状態方程式は上の三つの式をまとめたものである．実際には，大気圧に近い圧力および室温付近の温度であれば，窒素や酸素，空気などふつうの気体はほぼ完全気体として振舞う．

完全気体の状態方程式を変形してつぎのように表せば，

$$R = \frac{pV}{nT}$$

気体定数を求めることができる．しかし，基礎物理定数の一つである気体定数は，同じく基礎物理定数のボルツマン定数（k）とアボガドロ定数（N_A）との間に，

$$R = kN_\mathrm{A}$$

という関係がある．しかも，国際単位系（SI）の基本単位について 2019 年に行われた大幅な改定で，いくつかの基礎物理定数の値が定義値として採用された．これにより，

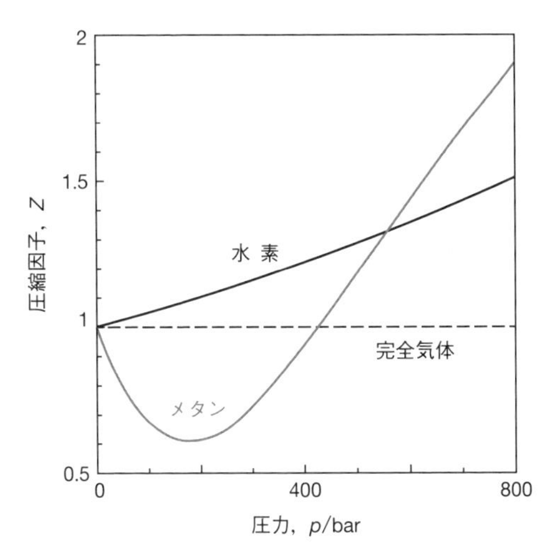

図 1·1　代表的な気体の 0 °C での圧縮因子 Z の圧力変化.

$$k = 1.380\,649 \times 10^{-23}\ \mathrm{J\,K^{-1}}$$
$$N_\mathrm{A} = 6.022\,140\,76 \times 10^{23}\ \mathrm{mol^{-1}}$$

と厳密に定義された．したがって，いまでは気体定数の値は，

$$R = 8.314\,462\,618 \cdots\ \mathrm{J\,K^{-1}\,mol^{-1}}$$

である（CODATA 2018 の推奨値）.

実在気体については，完全気体の挙動からのずれを示す指標として圧縮因子 (Z) が用いられる.

$$Z = \frac{V_\mathrm{m}{}^{実在}}{V_\mathrm{m}{}^{完全}} = \frac{pV_\mathrm{m}{}^{実在}}{RT}$$

実際，気体の種類や温度，圧力によって $Z=1$ からのずれが観測される（図 1·1）. $Z < 1$ の条件下では分子間に働く引力の効果が優勢であり，$Z > 1$ では反発力の効果が優勢である．分子に体積がある限り，同じ温度でも高圧では $Z > 1$ となる．これに対し，完全気体では常に $Z=1$ である.

1・2　ファンデルワールスの状態方程式　★★★

▶概要◀　実在気体の挙動を表す状態方程式として，つぎのファンデルワールスの状態方程式がある．

基本式

No.2

$$\left(p+\frac{an^2}{V^2}\right)(V-nb)=nRT \quad \text{あるいは} \quad \left(p+\frac{a}{V_\mathrm{m}^2}\right)(V_\mathrm{m}-b)=RT$$

圧力（p）とモル体積（V_m），熱力学温度（T）に加えて，ファンデルワールスのパラメーター a と b が導入されている．R は気体定数である．

▶解説◀　この状態方程式を書き換えて圧縮因子で表せば，

$$Z=\frac{pV_\mathrm{m}}{RT}=\frac{V_\mathrm{m}}{V_\mathrm{m}-b}-\frac{a}{RTV_\mathrm{m}}$$

となる．低圧で $Z\approx1$ であるが，高圧では第1項の b が無視できなくなり，$Z>1$ である．中程度の圧力では第2項が無視できなく，場合によっては $Z<1$ となりうる．その状況が温度によって変わるのは，V_m が温度変化するからである．

ファンデルワールスの状態方程式の形は，完全気体との違いを表すのに直感的でわかりやすい．たとえば，圧力因子に含まれる項（an^2/V^2）は分子間に働く引力による圧力減少の効果を表している．すなわち，気体分子には実際に測定される圧力（p）より大きな圧力が加わっている．ここで，分子1個に働く引力は容器内に存在する分子の濃度（n/V）に比例するだろう．また，分子間に引力が働けば分子の運動は遅くなるから，器壁に対する衝突頻度も低くなり，これに与える衝撃も弱くなっているだろう．こうして生じる圧力の減少分はモル濃度（n/V）の2乗に比例する．一方，体積因子に含まれる項（$-nb$）は分子間に働く反発力を反映している．互いの分子はある距離内には近づけないから，気体分子が実際に動ける体積は，各分子が相手を排除する体積と分子数に比例した分だけ小さくなる．このときの排除モル体積（b）は，気体分子を剛体球と仮定すれば，その体積（$V_{分子}$）との間に $b\approx4V_{分子}N_\mathrm{A}$ の関係がある．ここで，ファンデルワールスのパラメーター a および b は，気体によって異なる値をもち，温度によらないとしている．どちらも厳密に定義された分子の性質ではないから，それぞれの気体について経験的に得られたパラメーターと考えておくのがよい．

ファンデルワールスの状態方程式のもう一つの特徴は，気体が凝縮して液体ができる状況についても直感的に表せることである．ここで，実在気体の状態を表すのに，p, V_m, T の代わりに臨界点での値（臨界定数）$p_\mathrm{c}, V_\mathrm{c}, T_\mathrm{c}$ でそれぞれを割った換算値 $p_\mathrm{r}, V_\mathrm{r}, T_\mathrm{r}$ で表しておくとわかりやすい．それは，物質が異なって

も似た挙動が見られるという対応状態の原理があるからである．実際，ファンデルワールスの状態方程式を換算変数で表せば，

$$\left(p_{\mathrm{r}}+\frac{3}{V_{\mathrm{r}}{}^{2}}\right)\left(V_{\mathrm{r}}-\frac{1}{3}\right)=\frac{8}{3}T_{\mathrm{r}}$$

$$\text{ここで，}p_{\mathrm{r}}=\frac{p}{p_{\mathrm{c}}},\ V_{\mathrm{r}}=\frac{V_{\mathrm{m}}}{V_{\mathrm{c}}},\ T_{\mathrm{r}}=\frac{T}{T_{\mathrm{c}}}$$

とすることができ，パラメーター a と b が消えた式で表せる（R も消える）．この式を導出するには，臨界点での条件 $(\partial p/\partial V)_T=0$ および $(\partial^2 p/\partial V^2)_T=0$ を用いて，$p_{\mathrm{c}}=a/(27b^2)$，$V_{\mathrm{c}}=3b$，$T_{\mathrm{c}}=8a/(27Rb)$ の関係を求めておけばよい．また，圧縮因子は，次式で表される．

$$Z=\frac{pV_{\mathrm{m}}}{RT}=\frac{V_{\mathrm{r}}}{V_{\mathrm{r}}-\frac{1}{3}}-\frac{9}{8V_{\mathrm{r}}T_{\mathrm{r}}}$$

ところで，ファンデルワールスの状態方程式の難点であるが，臨界温度以下で予測される等温線が波形の振動部分（ファンデルワールスのループ）を示す（図1・2）．これは，数学的には換算圧力が換算体積の3次方程式で表されるから起こりうる．しかし物理的には，この振動部分は平衡状態を表しておらず，何らかの準安定状態に対応していると考えられる．そこで，熱力学に基づくマクスウェルの構成法に従って，振動部分を水平線で置き換えれば，実際に起こる気液共存の状況を表すことができるのである．こうして，いろいろな物質について測定された等温線を換算変数で表せば，ほぼ共通の曲線に乗る．

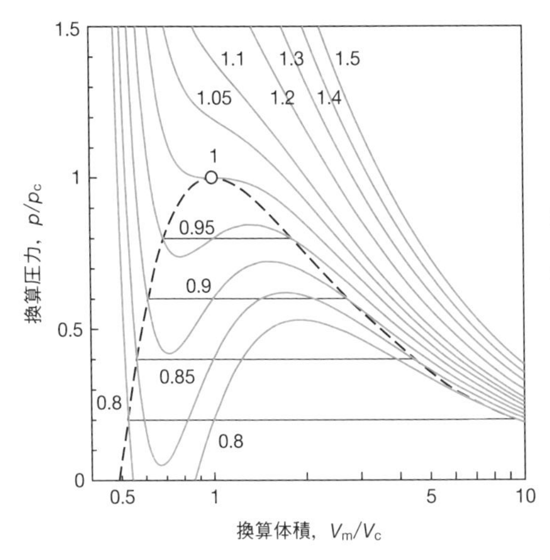

図1・2　ファンデルワールスの状態方程式を用いて計算した等温線．図中の数値は換算温度，丸印は臨界点を示す．ファンデルワールスのループは，マクスウェルの構成法に従って水平線で置き換えてある．その水平線の両端を結んだ破線は気液共存曲線である．

1・3　ビリアル状態方程式　★★

▶概 要◀　実在気体の状態を表すのにつぎの展開式を用いるのがビリアル状態方程式である．

基本式
No.3

$$p = \frac{RT}{V_m}\left(1 + \frac{B}{V_m} + \frac{C}{V_m^2} + \cdots\right)$$

これは，圧力を $1/V_m$ で展開したものである．係数 $B, C, \cdots$ はビリアル係数である．一方，圧力による展開式もビリアル状態方程式という．このときの係数 B', $C', \cdots$ もビリアル係数である．

$$p = \frac{RT}{V_m}(1 + B'p + C'p^2 + \cdots)$$

B（あるいは B'）を第二ビリアル係数，C（あるいは C'）を第三ビリアル係数という．これらの値は気体の種類によって異なり，温度に依存するが，圧力には依存しない．第一ビリアル係数は $A=1$ と考えればよい．

▶解 説◀　上の 2 通りの展開式の係数の関係を求めるには，$1/V_m$ による展開式から，

$$p^2 = \left(\frac{RT}{V_m}\right)^2\left(1 + \frac{2B}{V_m} + \cdots\right)$$

としておき，p による展開式に代入すればよい．ここで，圧縮因子で表せば，

$$\begin{aligned}
Z &= \frac{pV_m}{RT} = 1 + B'p + C'p^2 + \cdots \\
&= 1 + B'\left(\frac{RT}{V_m}\right)\left(1 + \frac{B}{V_m} + \frac{C}{V_m^2} + \cdots\right) + C'\left(\frac{RT}{V_m}\right)^2\left(1 + \frac{2B}{V_m} + \cdots\right) \\
&= 1 + B'\left(\frac{RT}{V_m}\right) + \left(\frac{RT}{V_m}\right)^2\left(\frac{BB'}{RT} + C'\right) + \cdots \\
&= 1 + \frac{B}{V_m} + \frac{C}{V_m^2} + \cdots
\end{aligned}$$

とできる．これから，

$$B = B'RT \qquad C = (RT)^2(B'^2 + C')$$

$$B' = \frac{B}{RT} \qquad C' = \frac{C - B^2}{(RT)^2}$$

であることがわかる．

図 1·1 からもわかるように，条件によって B は正にも負にもなるが，高圧域では必ず $Z>1$ となるから $C>0$ である．ビリアル係数と分子間相互作用には一定の関係があり，第二ビリアル係数は分子 2 個の相互作用に由来し，第三ビリアル係数は分子 3 個が関与する相互作用に由来する．また，たいていの場合 $C/V_{\mathrm{m}}^2 \ll |B|/V_{\mathrm{m}}$ の条件が成り立つから，圧縮因子は，

$$Z = \frac{pV_{\mathrm{m}}}{RT} \approx 1 + \frac{B}{V_{\mathrm{m}}}$$

と表せる．ビリアル係数は温度によって変わるが，$B=0$ となる温度がありうる．それをボイル温度 T_{B} という．このとき $Z\approx 1$ となるから，ある限られた範囲のモル体積でしかないが，その気体はほぼ完全気体とみなせる．すなわち，ボイル温度では分子間の引力と反発力の相互作用が均衡していて，互いに打消し合っている状況である．ただし，完全気体と違って，実在気体の分子間相互作用は 0 でないから注意が必要である．また，圧縮因子のモル体積依存性に注目して，$p\rightarrow 0$（つまり，$V_{\mathrm{m}}\rightarrow\infty$）とすれば，

$$\frac{\mathrm{d}Z}{\mathrm{d}(1/V_{\mathrm{m}})} = B + \frac{2C}{V_{\mathrm{m}}} + \cdots \rightarrow B$$

となり，完全気体の場合の 0 とはならない．圧縮因子の圧力依存性についても，

$$\frac{\mathrm{d}Z}{\mathrm{d}p} = B' + 2pC' + \cdots \rightarrow B'$$

となる．$p\rightarrow 0$ で $Z\rightarrow 1$ であったとしても，これらの導関数が 0 に収束しないことは完全気体との違いとして重要である．

最後に，ビリアル係数とファンデルワールスのパラメーターの関係を示しておく．

$$B = b - \frac{a}{RT} \qquad C = b^2$$

これから，$B=0$ となるボイル温度は $T_{\mathrm{B}} = a/(Rb)$ である．また，臨界温度で表せば $T_{\mathrm{B}} = \frac{27}{8}T_{\mathrm{c}}$ である（p.5 を見よ）．ただし，この関係は近似的にしか成り立たないから注意が必要である．

1・4 ドルトンの法則 ★

▶概要◀ 完全気体の混合物の圧力は，同じ容器に同じ温度で個々の成分気体だけを入れたときの圧力の総和に等しい．

基本式

No.4

$$p = p_A + p_B + \cdots$$

p_J は，同じ温度で個々の成分気体 J = A, B, … だけが容器を占めたときの圧力，p は全圧力である．

▶解説◀ 完全気体では分子間相互作用がない．その混合気体でも，異種分子間を含め分子間相互作用はないと考えるから，この法則が成り立つ．ドルトンの法則は，厳密には完全気体の混合物についてだけ成り立つが，実在気体であっても，完全気体として振舞うような低い圧力であれば成り立つ．

混合気体では，気体の種類によらず（実在気体でも完全気体でも），成分気体 J の分圧 p_J をつぎのように定義する．

$$p_J = x_J p$$

x_J は混合気体中の成分 J のモル分率である．成分 J のモル分率とは，混合物の全物質量のうち，分子 J の物質量が占める割合である．分子 A が n_A，分子 B が n_B など（n_J はモル単位で表した物質量）で構成されている混合物では，成分 J（J=A, B, …）のモル分率は，

$$x_J = \frac{n_J}{n} \qquad \text{ここで，} n = n_A + n_B + \cdots$$

で表される．たとえば，2 種の化学種から成る 2 成分混合物では，

$$x_A = \frac{n_A}{n_A+n_B} \qquad x_B = \frac{n_B}{n_A+n_B} \qquad x_A + x_B = 1$$

である．

完全気体でも実在気体でも，成分気体の分圧の総和は（定義により）全圧に等しい．一方，実在気体の混合物の圧力（全圧）は，同じ容器に同じ温度で個々の成分気体だけを入れたときの圧力（これは分圧ではない）の総和に等しくはならない．このときの成分気体の分圧は，その成分の物質量と全圧から計算で求められる．完全気体の場合と違って，実在気体の混合物の個々の分圧を直接測定するのは困難である．

1・5　気体分子の根平均二乗速さ　★★

概要　気体の運動論モデルでは，速さ $v_1, v_2, \cdots, v_N$ の N 個の分子からなる系を扱うのに根平均二乗速さ $v_{\rm rms}$ を用いる.

基本式 No.5

$$v_{\rm rms} = \langle v^2 \rangle^{1/2} = \left(\frac{v_1{}^2 + v_2{}^2 + \cdots + v_N{}^2}{N}\right)^{1/2}$$

$\langle \cdots \rangle$ は平均値を表す．また，速度成分に注目すれば，気体は等方的であるから次式が成り立つ.

$$v_{\rm rms}^2 = \langle v^2 \rangle = \langle v_x{}^2 \rangle + \langle v_y{}^2 \rangle + \langle v_z{}^2 \rangle = 3\langle v_x{}^2 \rangle$$

解説　完全気体の圧力は，分子と容器の壁との衝突によって説明できる．まず，質量 m の分子1個が x 軸と平行に速度成分 v_x で壁（yz 面）に到達し，そこで弾性衝突によって跳ね返れば，その運動量変化は $2m|v_x|$ である．この壁の面積を A とすれば，体積 $A|v_x|\Delta t$ 内にある分子のうち，壁に向かう分子は Δt 内に衝突する（壁から遠ざかる分子は衝突しない）．一方，この分子の単位体積あたりの分子数，つまり数密度は $nN_{\rm A}/V$ であるから，この壁に衝突する分子数は $nN_{\rm A}A|v_x|\Delta t/(2V)$ である．これと，1回の衝突による運動量変化 $2m|v_x|$ の積が全運動量変化であり，それを Δt で割れば，この壁に作用する力が求められる．さらに，この力を面積で割れば圧力 p が求められるから，x 軸に垂直な壁については，

$$p = \frac{nM\langle v_x^2 \rangle}{V}$$

となる．n は分子の物質量，M はモル質量である．ここで，v_x^2 を $\langle v_x^2 \rangle$ で置き換えたのは，全部の分子が同じ速度で飛行しているわけでないからで，圧力を表すには v_x^2 の平均値を用いる必要がある．これを $\langle v_x \rangle^2$ としては意味がない（$\langle v_x \rangle = 0$ である）から注意しよう．こうして，

$$p = \frac{nMv_{\rm rms}^2}{3V}$$

が得られる．この式を完全気体の状態方程式 $pV = nRT$ と比較すれば，

$$v_{\rm rms} = \left(\frac{3RT}{M}\right)^{1/2}$$

となる．同じ式は，マクスウェル-ボルツマンの速度分布からも導出できる.

1・6　マクスウェル-ボルツマンの速度分布　★★★

▶概要◀　気体では，分子がいろいろな速度で運動し，互いに衝突を繰返している．完全気体における分子の速さ分布は次式で表される．

基本式
No.6

$$f(v) = 4\pi\left(\frac{M}{2\pi RT}\right)^{3/2} v^2 \exp\left(-\frac{Mv^2}{2RT}\right)$$

v は分子の速さ，M は分子のモル質量，T は熱力学温度，R は気体定数である．モル質量の代わりに分子の質量（m）を用い，気体定数の代わりにボルツマン定数（k）を用いても同じ形の式で表される．マクスウェルの速さ分布ということもある．

▶解説◀　完全気体では，分子間相互作用はないものの，分子は互いに弾性衝突を頻繁に繰返しており，その運動エネルギーは保存されている．マクスウェル-ボルツマン分布は，このような単純なモデルで導出された気体分子の速度分布である．その分布の形を図1・3に示す．実際，原子や分子の粒子ビームを飛行時間で速度選別することにより，特定の速さ区間の粒子数を求めるという実験によって，この分布の正しさが確かめられている．

気体分子の速さが v から $v+\mathrm{d}v$ までの範囲にある確率 P は，

$$P(v,\ v+\mathrm{d}v) = f(v)\mathrm{d}v$$

で表される．このときの分布関数は確率密度に相当している．この分布関数の形

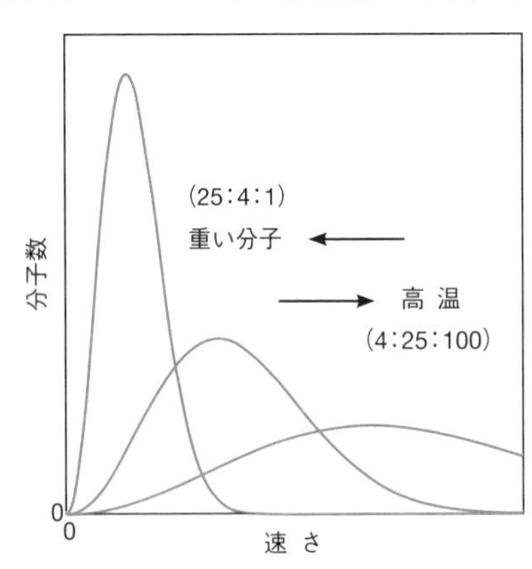

図1・3　マクスウェル-ボルツマン分布．速い分子の数は高温ほど多く，重い分子ほど少ない．同じ温度で分子の質量比を25：4：1としたときの分布を表してあり，同じ分布は質量が同じときの熱力学温度の比4：25：100に対応している．分布の形状は，ピークの左右で非対称である．

は複雑に見えるが，各因子の物理的な意味を理解しておけば簡単である．そこで，P に与える v, M, T の効果について考えよう．まず，$\exp(-Mv^2/2RT)$ に注目すれば，非常に速い分子が見つかる確率はごくわずかであろう．また，モル質量の大きな重い分子ほど，速い分子の割合は少ない．さらに，温度が高いと低温の場合より速い分子の存在確率が大きいこともわかる．この指数関数の影響力は絶大であり，ほかの因子の効果を凌駕する．ただし，前に因子 v^2 があることで，きわめて遅い分子を見いだす確率はごくわずかだろう．残りの因子は，分子がとる確率の合計が 1 になるように規格化するための因子である．マクスウェル-ボルツマン分布の形状はピークに関して左右非対称であり，右側（速い側）に長く裾を引いているのが特徴である．

分子の速さを使って気体の性質の何を議論するかによって，速さとして異なる値を採用する必要があり，それぞれが重要な意味をもつ．まず，分子数が最大（確率が最大）となる最確の速さ v_{mp} が簡単に定義できる．また，全分子の速さの合計を分子数で割った平均の速さ v_{mean} も定義できる．ここで，分布が右側に裾を引いているから $v_{\mathrm{mean}} > v_{\mathrm{mp}}$ である．これとはべつに，重要な平均値として根平均二乗速さ v_{rms} があり，運動エネルギー（$\frac{1}{2}mv^2$）についての平均を考える際に重要になる．これについても，$v_{\mathrm{rms}} > v_{\mathrm{mean}}$ であることがわかる．計算によって求めた値をつぎに示す．

$$\text{最確の速さ：}\quad v_{\mathrm{mp}} = \left(\frac{2RT}{M}\right)^{1/2} \qquad \text{平均の速さ：}\quad v_{\mathrm{mean}} = \left(\frac{8RT}{\pi M}\right)^{1/2}$$

$$\text{根平均二乗速さ：}\quad v_{\mathrm{rms}} = \left(\frac{3RT}{M}\right)^{1/2}$$

▶関連事項◀　理解をさらに深めるために，分布関数の式の形をもう少し詳しく見よう．まず，分子 1 個に注目したときの因子 $\exp(-mv^2/2kT)$ は，速さ v についてのガウス関数の形 $\exp(-x^2)$ をしており（p.72 図 5・4 参照），三次元空間の 1 成分のみを考えれば速度 0 の分子数が最大である．気体全体が移動することはないから，その分布が $v=0$ を中央に左右対称の形をしているのは当然である．なお，この因子をエネルギー $\varepsilon=\frac{1}{2}mv^2$ について見れば，ボルツマン分布 $\exp(-\varepsilon/kT)$ の形をしていることは重要である（p.136 を見よ）．すなわち，ボルツマン分布によれば，あるエネルギー準位を基準としたとき，それより ε だけ高いエネルギー準位にある分子数は $\exp(-\varepsilon/kT)$ の比で表されるのである．さて，この一次元の考察から三次元の“速度空間”での確率を求めるには，その球殻の体積素片（$4\pi v^2 \mathrm{d}v$）を掛けておく必要があり，確率密度 $f(v)$ にある因子 $4\pi v^2$ はこれに由来している．同様の数学操作は，球対称の波動関数 s オービタルについて，“実空間”で動径分布関数（確率密度に相当）を求める際に必要となる（p.108 を見よ）．こうして，全確率の合計が 1 であることから規格化因子を求めれば全体の式が得られる．

1・7 平均自由行程 ★★

▶概要◀ 気体分子の平均自由行程は次式で与えられる．

基本式
No.7

$$\lambda = \frac{v_{\text{mean}}}{z}$$

v_{mean} は分子の平均の速さ，z は衝突頻度である．衝突頻度の逆数 $1/z$ は飛行時間である．さらに，完全気体における衝突頻度に関するモデルによれば，分子の衝突断面積（σ）と気体の圧力（p），熱力学温度（T）を用いて次式で表される．

$$\lambda = \frac{kT}{\sqrt{2}\,\sigma p}$$

$\sigma = \pi d^2$ である．d は分子を剛体球としたときの直径である．

▶解説◀ 平均自由行程とは，分子が衝突してから次に衝突するまでの飛行距離の平均値をいう．気相化学反応の速度論を展開するには分子の衝突頻度が重要である．ここでは，単純なモデルを用いて完全気体の衝突頻度を求めよう．いま，注目する分子以外は静止していて数密度 $\mathcal{N}$ で均一に存在しているとする．この分子が時間 Δt に空間を掃引する円柱の体積は $\sigma v_{\text{mean}} \Delta t$ で表されるから，この体積内に存在している別の分子との間で衝突が起こる．ただし，この衝突事象では相手との相対的な速さが問題となるから，同種の分子（純気体）であれば v_{mean} の代わりに $v_{\text{mean,rel}} = \sqrt{2}\,v_{\text{mean}}$ を用いる必要があると考える．それは，質量 m の分子 2 個の衝突では，その換算質量 $\mu = \frac{1}{2}m$ が問題になり，分子の相対速さは平均の速さの $\sqrt{2}$ 倍になるからである．実は，この根拠は，分子の速さがマクスウェル-ボルツマン分布していることからも導ける．そうすれば，衝突回数は $\sigma v_{\text{mean,rel}} \Delta t \mathcal{N}$ で表されるから，これで $v_{\text{mean}} \Delta t$ を割れば，平均自由行程として $\lambda = 1/(\sqrt{2}\,\sigma \mathcal{N})$ が得られる．さらに，完全気体の状態方程式から $\mathcal{N} = p/(kT)$ とできるから，$\lambda = kT/(\sqrt{2}\,\sigma p)$ となる．ここで，マクスウェル-ボルツマンの速度分布で求めた v_{mean} の値（p.11 を見よ）を用いれば，衝突頻度は，

$$z = v_{\text{mean}} \left(\frac{\sqrt{2}\,\sigma p}{kT} \right) = \frac{\sqrt{2}\,\sigma p}{kT} \left(\frac{8RT}{\pi M} \right)^{1/2}$$

で表される．

グレアムの法則によれば，ある圧力と温度のもとでの気体の流出の速さは，分子のモル質量（M）の平方根に反比例する．流出とは，容器内の気体が小さな穴を通して逃げ出す現象である．上の衝突頻度の式を見れば，この法則を理解できるだろう．

2. 熱力学の法則

2・1 状態関数 ★★★

▶概要◀ 状態関数とは，系が現に置かれている状態にのみ依存する物理的性質であり，過去の経路とは無関係である．熱力学で用いる内部エネルギー（U）やエンタルピー（H），エントロピー（S），ヘルムホルツエネルギー（A），ギブズエネルギー（G）は状態関数であり，つぎのように定義される．

基本式
No.8

$$\Delta U = w + q \qquad H = U + pV \qquad \Delta S = \frac{q_{\mathrm{rev}}}{T}$$

$$A = U - TS \qquad G = H - TS$$

仕事（w）や熱（q）は経路関数である．Δは変化前後の差分を示し，下付きのrevは可逆過程を表している．状態関数であれば無限小変化（微分量）も意味をもち，それをdで表すから，Δをdで置き換えた式も成り立つ．状態関数は数学的には完全微分で表せることと等価である．仕事や熱の微小変化にdが付いている場合は注意が必要である．教科書によってはδやđを用いて状態関数の場合と区別している．

▶解説◀ それぞれの状態関数について，その意味だけでなく熱力学法則との関係を理解しておくことが重要である．上のように定義しておけば，いろいろな熱力学現象を扱ううえで便利である．

系の内部エネルギー（U）について，その絶対値を具体的に考えることは熱力学では意味がない．それは，どのエネルギーを考慮に入れるかで大きさが異なるからである．しかし，その変化量（ΔU）は重要であり，エネルギーは仕事（w）と熱（q）のかたちでしか系に出入りすることがない（$\Delta U = w+q$）．しかも，系に入れば両者に区別はなく，どちらも内部エネルギーとして蓄えられるだけである．これは熱力学第一法則の内容であり，エネルギー保存則に対応している．内部エネルギーが状態関数であることは疑いがない．エネルギーの移動の仕方として，熱と仕事を区別しなければならないのは熱の特殊性にあり，それを扱うのが熱力学である．

系のエンタルピー変化（ΔH）は，圧力一定の条件下で熱として流入したエネルギーに等しい（$\Delta H = q_p$）．これによって系が膨張する場合があるから，内部エネルギー変化を求めるには手間がかかるが，エンタルピー変化を求めるには体積変化を気にする必要がない．このような便利な量とするには，エンタルピーを$H = U+pV$と定義しておけばよい．エンタルピーは状態関数だけで定義されているから，やはり状態関数である．そこで，圧力一定（$\Delta p=0$）でのエンタルピー変化に注目すれば，$\Delta H = \Delta U+p\Delta V+V\Delta p = \Delta U+p\Delta V = w+q_p+p\Delta V$となる．

ここで，系の膨張による仕事は $w = -p\Delta V$ で表されるから，$\Delta H = q_p$ である．化学では大気圧下で行う実験が多いから，エンタルピーは便利な量である．

系のエントロピー変化（ΔS）は，熱力学温度 T の系に対して熱として可逆的にエネルギー（q_{rev}）が流入したとき $\Delta S = q_{rev}/T$ と定義する．ここで，熱は経路関数であるから，エントロピーが状態関数であることを示すには少し説明が必要である．それには，可逆過程だけで任意の周回過程をつくり，それによって元の状態に完全に戻ることを証明すればよい．すなわち，

$$\oint \frac{q_{rev}}{T} = 0$$

を示せばよい．実は，カルノーサイクル（p.19 図 2･1）を用いてこれを証明できるから，エントロピーは状態関数であるといえる．エントロピー変化の式に仕事（w）が関与しないのは重要であり，熱の特殊性がここに現れている．式の分母に熱力学温度があることも重要であり，温度の定義（p.23 を見よ）にエントロピーが関わるのはこのためである．エントロピーは系の乱れを表す指標と考えられるが，系に対して同じ熱流入があっても，低温ほど系のエントロピー変化（乱れ）は大きい．ところで，エネルギーが熱として可逆的に移動しない場合を含めれば，一般には，$\Delta S \geq q/T$ で表される．この関係をクラウジウスの不等式という．これは自発変化の方向を決める基準であり，熱力学第二法則の内容である．すなわち，孤立系（宇宙と表現することもある）のエントロピーは一方的に増加し，保存されるのは可逆過程に限る．このことは，孤立系の内部エネルギーが保存されることと対照的である．

以上で，熱の特殊性をエントロピーによって説明する熱力学の本質的なところは尽きているといってもよい．しかし，これを実際に使うとなると非常に不便なことがわかる．それは，第二法則は孤立系について述べているだけで，その“孤立系”は，われわれが興味のある“系”と，それ以外の“外界”からできているからである．そこで，系だけでなく外界のエントロピーを常に追跡して，その合計が第二法則に合っているかを判定する代わりに，系の性質だけで表せる熱力学関数があれば便利である．しかも，内部エネルギーのほかにエンタルピーを定義したように，体積一定か圧力一定かの条件の違いで使いやすい状態関数があればよい．その役目をするのがヘルムホルツエネルギーとギブズエネルギーである．

系のヘルムホルツエネルギー（A）は，エントロピーを用いて $A = U - TS$ と定義される．温度一定での変化を考えれば $\Delta A = \Delta U - T\Delta S$ である．さらに，体積一定における内部エネルギー変化は $\Delta U = q_V$ である．こうして，両辺を T で割ってから符号を変え，さらにクラウジウスの不等式 $\Delta S \geq q_V/T$ を適用すれば，

$$-\frac{\Delta A}{T} = \Delta S - \frac{q_V}{T} \geq 0$$

と書ける．すなわち，$\Delta A \leq 0$ であり，これが温度および体積が一定のときの自

発変化の方向を決める基準なのである．ここで，右辺の第1項は系のエントロピー変化，第2項は外界のエントロピー変化（熱として q_V のエネルギーが外界から系に流れるから負号が付いている）であり，系と外界を合わせて孤立系が形成されているのである．こうして，系と外界のエントロピーの合計を最大化する自発変化の向きが，系の状態関数 A で表せるのである．それでは，平衡状態（$\Delta A=0$）に至るまでに系から取出せる仕事（体積一定であるから膨張以外の仕事）はどれだけあるだろうか．そこで，$\Delta U = q + w$ とクラウジウスの不等式を組合わせれば $\Delta A = \Delta U - T\Delta S \leq w$ となり，これが温度および体積が一定の条件下で系から取出せる最大の仕事を表す（$w_{\max} = \Delta A$）ことがわかる．この最大の仕事は可逆過程によって得られる．ここで注意しなければならないのは $\Delta A \leq 0$ であり，w も負（系が外界に対してする仕事だから）であることである．このように，われわれは内部エネルギー変化のすべてを利用できるわけでなく，エントロピーがあるおかげで（絶対零度でない限り）その一部しか仕事として自由に利用できないわけである．

系のギブズエネルギー（G）は，エントロピーを用いて $G = H - TS$ と定義される．温度一定での変化を考えれば $\Delta G = \Delta H - T\Delta S$ である．さらに，圧力一定でのエンタルピー変化 $\Delta H = q_p$ とクラウジウスの不等式 $\Delta S \geq q_p/T$ を組合わせれば，

$$-\frac{\Delta G}{T} = \Delta S - \frac{q_p}{T} \geq 0$$

と書ける．すなわち，温度および圧力が一定のときの自発変化の方向を決める基準（$\Delta G \leq 0$）が得られる．右辺の第1項は系のエントロピー変化，第2項は外界のエントロピー変化に相当している．ここで，平衡状態（$\Delta G=0$）に至るまでに系から取出せる仕事に注目しよう．圧力一定では系の膨張を許すから，仕事（w）を膨張による仕事（w_{exp}）と膨張以外の仕事（w_{nonexp}）に分けておく．注目するのは可逆過程における膨張以外の仕事である．そうすれば，$w_{\mathrm{exp}} = -p\Delta V$ および $q_{\mathrm{rev}} = T\Delta S$ であるから，

$$\Delta G = w + q_{\mathrm{rev}} + p\Delta V - T\Delta S = -p\Delta V + w_{\mathrm{nonexp}} + q_{\mathrm{rev}} + p\Delta V - T\Delta S = w_{\mathrm{nonexp}}$$

となり，これが温度および圧力が一定の条件下で，膨張による仕事以外で系から取出せる最大の仕事（$w_{\max} = \Delta G$）であることがわかる．

ヘルムホルツエネルギーやギブズエネルギーを上のように定義しておけば，それを系の性質と考えることができ，エントロピーを用いた場合のように外界を含めて考える必要がないから，いろいろな事象を理解するのが非常に簡単になる．すなわち，これらの熱力学量が最小になる向きが自発変化の方向といえる．しかし忘れてならないのは，$\Delta A \leq 0$ や $\Delta G \leq 0$ は熱力学第二法則を言い換えただけで，孤立系のエントロピーは一方的に増加すると言っているにすぎない．

2・2 熱容量 ★★★

概要 系に熱としてエネルギーを加えたとき，どれだけ温度上昇するかを示す量が熱容量であり，その値は体積一定で加熱するか，圧力一定で加熱するかで異なる．

基本式
No.9

$$C_V = \frac{\Delta U}{\Delta T} \qquad C_p = \frac{\Delta H}{\Delta T}$$

C_V は定容熱容量であり，内部エネルギーの温度勾配に相当する．C_p は定圧熱容量であり，エンタルピーの温度勾配に相当する．

解説 熱容量そのものは示量性の量であるが，モル当たりで表せば（$C_{V,\mathrm{m}}$ または $C_{p,\mathrm{m}}$）示強性の量となる．また，体積一定もしくは圧力一定という条件を明確にするために偏導関数を用いて表すこともある．

$$C_{V,\mathrm{m}} = \left(\frac{\partial U_\mathrm{m}}{\partial T}\right)_V \qquad C_{p,\mathrm{m}} = \left(\frac{\partial H_\mathrm{m}}{\partial T}\right)_p$$

完全気体の場合は，$H_\mathrm{m} = U_\mathrm{m} + pV_\mathrm{m}$ に $pV_\mathrm{m} = RT$ を代入すれば次式が得られる．

$$C_{p,\mathrm{m}} - C_{V,\mathrm{m}} = R$$

関連事項 気体に限らず一般の物質については熱力学的に，

$$C_p - C_V = \frac{\alpha^2 TV}{\kappa_T}$$

と表される．α は膨張率，κ_T は等温圧縮率であり，それぞれ次式で定義される．

$$\alpha = \frac{1}{V}\left(\frac{\partial V}{\partial T}\right)_p \qquad \kappa_T = -\frac{1}{V}\left(\frac{\partial V}{\partial p}\right)_T$$

これから，物質の状態に関わらず $C_p > C_V$ であるといえる．完全気体では，$\alpha = 1/T$ および $\kappa_T = 1/p$ であるから，$C_{p,\mathrm{m}} - C_{V,\mathrm{m}} = R$ である．一方，固体の熱容量の極低温での温度依存性については，デバイ理論によって，

$$C_p \approx C_V \propto T^3$$

が示されており，実験でも確かめられている．これをデバイの T^3 則という．

2・3 気体の膨張による仕事 ★★★

▶概要◀ 系の気体が，外界の一定圧力（p_{ex}）に対して膨張し，その体積が変化（ΔV）したとき行われた仕事（w）は次式で表せる．

基本式
No.10

$$w = -p_{\text{ex}}\Delta V$$

負号は，膨張によって系の内部エネルギーが減少することを表している．

▶解説◀ 系の膨張による仕事で重要なのは，系の圧力（p）ではなく，外界の圧力（p_{ex}）で決まることである．したがって，外圧が0の場合（真空中への膨張であり，これを自由膨張という）の仕事は0である．一方，系と外界が常に力学平衡にあるように外圧を調節（$p_{\text{ex}} = p$）できれば，それは可逆膨張であり，これによって系は最大の膨張仕事ができる．ここで，完全気体の等温可逆膨張を考えれば，その状態方程式 $pV = nRT$ から，$p_{\text{ex}} = p$ として，積分計算によってつぎのように求められる．

$$w = -\int_{V_{\text{i}}}^{V_{\text{f}}} \frac{nRT}{V}\,\mathrm{d}V = -nRT\int_{V_{\text{i}}}^{V_{\text{f}}} \frac{1}{V}\,\mathrm{d}V = -nRT\ln\left(\frac{V_{\text{f}}}{V_{\text{i}}}\right)$$

等温可逆膨張で重要なのは，膨張と同時に外界から熱としてエネルギーが供給されることである．すなわち，膨張しても温度が変化しないから系の内部エネルギーに変化がないわけで，膨張による仕事に等しいエネルギーが熱として系に供給されなければならない（$q = -w$）のである．

次に，外界と熱のやり取りのない断熱条件下で完全気体が可逆膨張した場合を考えよう．このとき，外界に対する仕事の分だけ系の内部エネルギーが減少し，系の温度は低下する．そこで，

$$\Delta U = C_V\Delta T = -p\,\Delta V = -\frac{nRT}{V}\Delta V \qquad \text{より} \qquad C_{V,\text{m}}\left(\frac{\Delta T}{T}\right) = -R\left(\frac{\Delta V}{V}\right)$$

となる．$(V_{\text{i}}, T_{\text{i}}) \rightarrow (V_{\text{f}}, T_{\text{f}})$ とし，定容モル熱容量が温度変化しないとすれば，

$$C_{V,\text{m}}\int_{T_{\text{i}}}^{T_{\text{f}}} \frac{\mathrm{d}T}{T} = -R\int_{V_{\text{i}}}^{V_{\text{f}}} \frac{\mathrm{d}V}{V}$$

とできるから，これを整理すれば，

$$\frac{C_{V,\text{m}}}{R}\ln\left(\frac{T_{\text{f}}}{T_{\text{i}}}\right) = -\ln\left(\frac{V_{\text{f}}}{V_{\text{i}}}\right)$$

となる．ここで，$c = C_{V,\text{m}}/R$ とおけば，

$$T_{\rm f} = T_{\rm i}\left(\frac{V_{\rm i}}{V_{\rm f}}\right)^{1/c} \quad \text{すなわち} \quad VT^{c} = \text{一定}$$

である．あるいは，完全気体の状態方程式を使って圧力で表せば，

$$pV^{\gamma} = \text{一定} \quad \text{ここで，} \quad \gamma = \frac{C_{p,\rm m}}{C_{V,\rm m}}$$

とできる．ただし，$C_{p,\rm m} - C_{V,\rm m} = R$ の関係（つまり，$\gamma = 1 + \frac{1}{c}$）を使った．

▶関連事項◀ 以上で完全気体の等温可逆膨張と断熱可逆膨張で起こる状況が明らかになったので，つぎのカルノーサイクルについて考えよう．

このサイクルでは，完全気体を作業物質として，(1) 等温可逆膨張 ⟶ (2) 断熱可逆膨張 ⟶ (3) 等温可逆圧縮 ⟶ (4) 断熱可逆圧縮という周回過程により元の状態に戻す．このときのエントロピー変化の合計が 0 であることを示すのである．用意するのは高温（$T_{\rm h}$）の熱源と低温（$T_{\rm c}$）の熱だめであり，図 2·1 に各過程を示してある．

(1) 過程 A → B（$T_{\rm h}$ での等温可逆膨張）
　熱としてのエネルギー流入：　$q_{\rm h} = nRT_{\rm h} \ln\left(\frac{V_{\rm B}}{V_{\rm A}}\right)$
　系のエントロピー変化：　$\frac{q_{\rm h}}{T_{\rm h}}$

(2) 過程 B → C（断熱可逆膨張により $T_{\rm h} \rightarrow T_{\rm c}$ に変化）
　熱としてのエネルギー流入：　0
　系のエントロピー変化：　0
　体積と温度の関係：　$V_{\rm C}\,T_{\rm c}^{\,c} = V_{\rm B}\,T_{\rm h}^{\,c}$

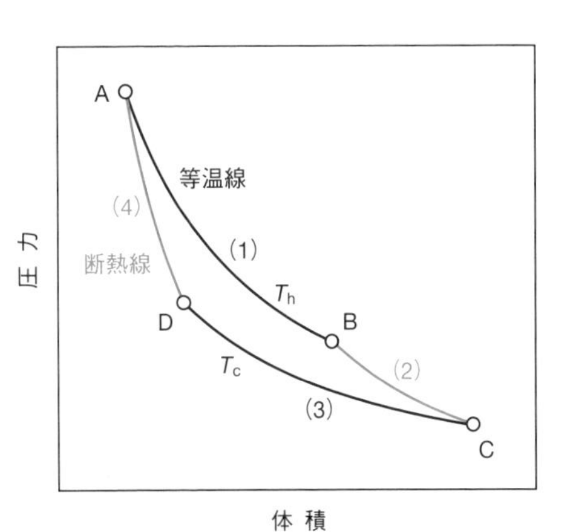

図 2·1 カルノーサイクル．周回過程 A → B → C → D → A は，順に高温（$T_{\rm h}$）での等温可逆膨張 (1)，断熱可逆膨張 (2)，低温（$T_{\rm c}$）での等温可逆圧縮 (3)，断熱可逆圧縮 (4) から成る．

(3) 過程 C → D（T_c での等温可逆圧縮）
熱としてのエネルギー流入（負）：　$q_c = nRT_c \ln\left(\dfrac{V_D}{V_C}\right)$
系のエントロピー変化（負）：　$\dfrac{q_c}{T_c}$

(4) 過程 D → A（断熱可逆圧縮により $T_c \to T_h$ に変化）
熱としてのエネルギー流入：　0
系のエントロピー変化：　0
体積と温度の関係：　$V_A T_h{}^c = V_D T_c{}^c$

上の二つの断熱過程（2 と 4）で得られた体積と温度の関係から，

$$\frac{V_A}{V_B} = \frac{V_D}{V_C}$$

である．これを使って，系に対する熱としてのエネルギー流入に注目すれば，

$$q_c = nRT_c \ln\left(\frac{V_D}{V_C}\right) = nRT_c \ln\left(\frac{V_A}{V_B}\right) = -nRT_c \ln\left(\frac{V_B}{V_A}\right) = -q_h\left(\frac{T_c}{T_h}\right)$$

となる．すなわち，熱と温度の間につぎの単純な関係があることがわかる．

$$\frac{q_h}{q_c} = -\frac{T_h}{T_c}$$

そこで，このサイクルを一巡したときのエントロピー変化を計算すれば，

$$\oint \frac{q_{rev}}{T} = \frac{q_h}{T_h} + \frac{q_c}{T_c} = 0$$

であることがわかる．以上で，作業物質を完全気体としたカルノーサイクルについては，エントロピーが状態関数であることを証明できた．あとは，作業物質が完全気体でなくても成り立つことを示すことで，それには可逆過程である限り熱機関の効率は同じであることを示せばよい．また，任意の周回過程でも成り立つことを示す必要があるが，それには多数（無限個）の微小なカルノーサイクルを用いれば示せる．

2・4　熱機関の効率　★★

概要　熱機関とは，熱を仕事に変換するための循環機関をいう．熱機関の理想的な最大効率（η）は，高温（T_h）の熱源と低温（T_c）の熱だめの熱力学温度のみで決まり，つぎの式で表される．

基本式
No.11

$$\eta = 1 - \frac{T_\mathrm{c}}{T_\mathrm{h}}$$

解説　熱力学第二法則によれば，高温の熱源から熱として取出したエネルギーをすべて仕事に変換することはできず，その一部を低温の熱だめに捨てなければならない．その熱力学的な限界を最大効率で表すのである．それは可逆過程で得られる．

高温熱源から熱としてエネルギー $|q|$ を可逆的に取出し，$|w|$ の仕事が得られたとしよう．このときの高温熱源のエントロピー変化は $-|q|/T_\mathrm{h}$ である（減少する）．一方，低温熱だめには熱としてエネルギー $|q'|$ が可逆的に流れ込むから，そのエントロピー変化は $+|q'|/T_\mathrm{c}$ である（増加する）．したがって，全エントロピー変化は，

$$\Delta S_\mathrm{total} = -\frac{|q|}{T_\mathrm{h}} + \frac{|q'|}{T_\mathrm{c}}$$

である．ここで，第二法則により熱力学的な限界は $\Delta S_\mathrm{total} = 0$ で表されるから，

$$|q'| = \frac{T_\mathrm{c}}{T_\mathrm{h}} \times |q|$$

が成り立つ．一方，このとき仕事として取出せたエネルギーは $|w| = |q| - |q'|$ であるから，この機関の最大効率は，

$$\eta = \frac{\text{行われた仕事}}{\text{取込まれた熱}} = \frac{|q| - |q'|}{|q|} = 1 - \frac{|q'|}{|q|} = 1 - \frac{T_\mathrm{c}}{T_\mathrm{h}}$$

となる．低温熱だめが絶対零度でない限り，効率が1になることはない．

このように可逆熱機関の効率は，高温の熱源と低温の熱だめの熱力学温度だけで決まる．ところで，作業物質を完全気体からべつの物質に替えて可逆過程をつくり，異なる効率が得られるとすれば，それを逆向きに運転することで全体として熱力学第二法則に違反してしまうことを示せる．つまり，可逆熱機関の効率は作業物質によらず唯一なのである．もちろん，実際のエンジンでは技術的な問題も加わるから，可逆過程を構成することはできず，その効率は理想効率より悪くなる．

▶関連事項◀ 冷蔵庫やヒートポンプでは熱機関の場合と違って，低温熱源（T_{c}）から熱としてエネルギー $|q|$ を高温熱だめ（T_{h}）に移動させる．そのためには外部から仕事（たいていは電気エネルギー）$|w|$ を加える必要がある．これは，熱機関を逆向きに運転することに相当している．このとき，可逆過程であれば，

$$\Delta S_{\mathrm{total}} = \frac{|q| + |w|}{T_{\mathrm{h}}} - \frac{|q|}{T_{\mathrm{c}}} = 0$$

となる．この場合に興味がある最大効率係数 c はつぎのように定義できるから，それを計算すれば，

$$c = \frac{\text{低温熱源から熱として移動したエネルギー}}{\text{外部からの仕事}} = \frac{|q|}{|w|} = \frac{T_{\mathrm{c}}}{T_{\mathrm{h}} - T_{\mathrm{c}}}$$

となる．この場合も，高温（T_{h}）の熱だめと低温（T_{c}）の熱源の熱力学温度のみで決まる．また，夏に室内温度（T_{h}）が高くなると冷蔵庫の効率は悪くなることがわかる．一方，冬のエアコンでは，外気温度（T_{c}）が低くなるほど余分の電力が必要になる．しかし，電気ヒーターで暖をとるよりも，エアコンを利用したほうが経済的であることもわかる．すなわち，前者が仕事（電気エネルギー）を熱に変換するだけなのに対して，後者では外気のエネルギーの一部を熱として取入れることにより，室内を加熱するのに余分のエネルギーを利用できるからである．

さて，エントロピーについては，その定義を含め常に可逆過程を考えてきた．しかし，現実には不可逆過程の場合が多いから，そのエントロピー変化を求める方法を知っておかなければならない．エントロピーは状態関数であるから，終状態が指定されればエントロピー変化が決まるはずで，変化の途中経路にはよらない．そこで，実際の過程と違ってよいから，始状態と終状態をそれぞれ共通とする可逆過程の組合わせを考えだすことである．それが見つかれば，その可逆過程のエントロピー変化を計算すればよい．そうすれば，目的とする不可逆過程のエントロピー変化を求めることができるわけである．

2・5　熱力学の基本式　★★★

▶概 要◀　熱力学第一法則と第二法則を結びつけた重要な基本式がある．まず，第一法則によれば $\Delta U = q + w$ である．閉鎖系での可逆過程を考えると，膨張以外の仕事がなければ $w_{\mathrm{rev}} = -p\,\Delta V$ が成り立つ．また，第二法則から $q_{\mathrm{rev}} = T\Delta S$ である．したがって，$\Delta U = T\Delta S - p\,\Delta V$ である．また，無限小変化については全微分の形で，

基本式
No.12

$$\mathrm{d}U = T\mathrm{d}S - p\,\mathrm{d}V$$

と書ける．U は状態関数であるから $\mathrm{d}U$ は完全微分で表され，経路に無関係であるから，この式は可逆過程でなくても（不可逆過程でも）一般に成り立つといえる．ここで，U に対する変数 S と V を“自然な変数”ということがある．ほかの変数で表すこともできるが，これらの変数を用いればきれいな形で整理できるというくらいの意味である．同様にして，ほかの熱力学関数 $H(S, p)$，$A(V, T)$，$G(p, T)$ についても，全微分の形でつぎのように書ける．

$$\mathrm{d}H = T\mathrm{d}S + V\mathrm{d}p \qquad \mathrm{d}A = -p\,\mathrm{d}V - S\,\mathrm{d}T \qquad \mathrm{d}G = V\mathrm{d}p - S\,\mathrm{d}T$$

これらの基本式から重要な熱力学関係式がいろいろ導出できる．

▶解 説◀　状態関数は数学的には完全微分で表されるから，U を S と V の関数で表した式は，

$$\mathrm{d}U = \left(\frac{\partial U}{\partial S}\right)_V \mathrm{d}S + \left(\frac{\partial U}{\partial V}\right)_S \mathrm{d}V$$

とも書ける．$\mathrm{d}U$ に関する両式を比較すれば，

$$\left(\frac{\partial U}{\partial S}\right)_V = T \qquad \left(\frac{\partial U}{\partial V}\right)_S = -p$$

であることがわかる．左の式は熱力学温度の定義に用いられる重要な式である．同様にして，ほかの熱力学関数から得られる結果をつぎに示す．

$$\left(\frac{\partial H}{\partial S}\right)_p = T \qquad \left(\frac{\partial H}{\partial p}\right)_S = V$$

$$\left(\frac{\partial A}{\partial T}\right)_V = -S \qquad \left(\frac{\partial A}{\partial V}\right)_T = -p$$

$$\left(\frac{\partial G}{\partial T}\right)_p = -S \qquad \left(\frac{\partial G}{\partial p}\right)_T = V$$

▶関連事項◀　一般に，関数 $f(x, y)$ の無限小変化は，$\mathrm{d}f = g\,\mathrm{d}x + h\,\mathrm{d}y$ と書ける．g と h はどちらも x と y の関数である．ここで，$\mathrm{d}f$ が完全微分であるための判定基準は，

$$\left(\frac{\partial g}{\partial y}\right)_x = \left(\frac{\partial h}{\partial x}\right)_y$$

である．冒頭の“基本式”は完全微分で表されているから，これを適用すれば，

$$\left(\frac{\partial T}{\partial V}\right)_S = -\left(\frac{\partial p}{\partial S}\right)_V$$

が成り立つ．こうして導出した熱力学量の偏導関数の間に成り立つ関係をマクスウェルの関係式という．これは，$U(S, V)$ から導いた関係式である．ほかの熱力学関数から導かれるマクスウェルの関係式をつぎに示す．

$$\left(\frac{\partial T}{\partial p}\right)_S = \left(\frac{\partial V}{\partial S}\right)_p \qquad \left(\frac{\partial p}{\partial T}\right)_V = \left(\frac{\partial S}{\partial V}\right)_T \qquad \left(\frac{\partial V}{\partial T}\right)_p = -\left(\frac{\partial S}{\partial p}\right)_T$$

マクスウェルの関係式を利用する例を示そう．いま，解説の冒頭に書いた U を S と V の関数で表した式を用いて，温度一定の条件下での内部エネルギーの体積変化に注目すれば，

$$\left(\frac{\partial U}{\partial V}\right)_T = \left(\frac{\partial U}{\partial S}\right)_V \left(\frac{\partial S}{\partial V}\right)_T + \left(\frac{\partial U}{\partial V}\right)_S$$

である．ここで，$\left(\frac{\partial U}{\partial S}\right)_V = T$ および $\left(\frac{\partial U}{\partial V}\right)_S = -p$ を代入すれば，

$$\pi_T = \left(\frac{\partial U}{\partial V}\right)_T = T\left(\frac{\partial S}{\partial V}\right)_T - p$$

が得られる．π_T を内圧という．ここで，マクスウェルの関係式 $\left(\frac{\partial p}{\partial T}\right)_V = \left(\frac{\partial S}{\partial V}\right)_T$ を使えば，

$$\pi_T = T\left(\frac{\partial p}{\partial T}\right)_V - p$$

が得られる．この式は，系の内容を問わず成り立つから，熱力学的状態方程式という．完全気体では，$\left(\frac{\partial p}{\partial T}\right)_V = \frac{nR}{V}$ であるから $\pi_T = 0$ である．一方，ファンデルワールス気体では $p = \frac{nRT}{V-nb} - \frac{an^2}{V^2}$ である（p.4 を見よ）．パラメーター a と b は温度によらないから，

$$\left(\frac{\partial p}{\partial T}\right)_V = \frac{nR}{V - nb}$$

となり，

$$\pi_T = \frac{nRT}{V - nb} - \frac{nRT}{V - nb} + \frac{an^2}{V^2} = \frac{an^2}{V^2}$$

である．内圧は，分子間の引力相互作用に由来していることがわかる．

ところで，全微分で表された関数について，その一階偏導関数の間に成り立つ重要な数学関係がもう一つある．いま，$z(x, y)$ とすれば，

$$\mathrm{d}z = \left(\frac{\partial z}{\partial x}\right)_y \mathrm{d}x + \left(\frac{\partial z}{\partial y}\right)_x \mathrm{d}y$$

である．そこで，$\mathrm{d}z=0$ のときには，

$$\left(\frac{\partial x}{\partial y}\right)_z \left(\frac{\partial y}{\partial z}\right)_x \left(\frac{\partial z}{\partial x}\right)_y = -1$$

が成り立つ．これをオイラーの連鎖式という．たとえば，$x=p$，$y=T$，$z=V$ とすれば，

$$\left(\frac{\partial p}{\partial T}\right)_V \left(\frac{\partial T}{\partial V}\right)_p \left(\frac{\partial V}{\partial p}\right)_T = -1$$

が得られる．これは，熱力学を展開するうえでよく使われる関係である．

2・6 キルヒホフの法則 ★

▶概要◀ 標準反応エンタルピー（$\Delta_r H^\ominus$）の値が温度 T_1 でわかっていて，べつの温度 T_2 での値を知りたい場合，その反応に関与する物質すべてについて，この温度域での標準定圧モル熱容量（$C_{p,m}{}^\ominus$）がわかっていれば，つぎの式が使える．

基本式

No.13

$$\Delta_r H^\ominus(T_2) = \Delta_r H^\ominus(T_1) + \int_{T_1}^{T_2} \Delta_r C_p{}^\ominus \, dT$$

ここで，$\Delta_r C_p{}^\ominus = \sum \nu C_{p,m}{}^\ominus(\text{生成物}) - \sum \nu C_{p,m}{}^\ominus(\text{反応物})$

ν は反応に関与する物質の量論係数である．

▶解説◀ 熱力学第一法則に関係する法則として，ヘスの法則とキルヒホフの法則がある．ヘスの法則は，“ある反応の標準反応エンタルピーは，その反応を分割したときの，それぞれの標準反応エンタルピーの和に等しい”というものである．ここで，物質の標準状態とは，圧力が厳密に 1 bar で，純粋にその物質だけで存在する状態である．標準状態の定義に温度は含まれないから，べつに温度を指定する必要があり，ふつうは 25 °C（298.15 K）を用いる．温度は任意であるが，同じ温度での標準反応エンタルピーでなければヘスの法則を使えない．

キルヒホフの法則が必要になるのは，べつの温度での標準反応エンタルピーが必要な場合である．たとえば，25 °C での値が存在するが，実際に反応が起こる温度での値が必要な場合である．可能であれば，その温度での標準反応エンタルピーを測定するのがよいが，たいていは定圧熱容量の測定が精度よく行われるから，その値を用いるのがよい．物質の熱容量は，ふつう温度とともに大きくなるが，標準反応エンタルピーに影響を及ぼすほど反応物と生成物の熱容量の差が問題になるのは，T_1 と T_2 の温度差が大きい場合である．

▶関連事項◀ 実験で見いだされた規則で，熱力学第二法則に関係するものとしてトルートンの規則がある．この規則によれば，水素結合など特殊な分子間相互作用が存在しない限り，液体の標準蒸発エントロピー $\Delta_{vap}H^\ominus(T_b)/T_b$ は物質によらずほぼ同じ値（約 85 J K^{-1} mol^{-1}）を示す．これは，液体の蒸発に伴い，物質によらず同じ程度の体積変化があるため，そのエントロピー変化はほぼ同じになるという規則である．この規則から逸脱する例として有名なのは水である．それは，液体中でも分子間水素結合が残っているからで，沸点での水の蒸発エントロピーは 109 J K^{-1} mol^{-1} である．

2・7　ギブズ-ヘルムホルツの式　★★★

▶**概要**◀　ギブズエネルギーの温度変化を表すのに，エンタルピーを用いたギブズ-ヘルムホルツの式が用いられる．

基本式
No.14

$$\left\{\frac{\partial}{\partial T}\left(\frac{G}{T}\right)\right\}_p = -\frac{H}{T^2}$$

エンタルピー変化を用いてギブズエネルギー変化の温度依存性を求めるには，つぎの式が使える．

$$\left\{\frac{\partial}{\partial T}\left(\frac{\Delta G}{T}\right)\right\}_p = -\frac{\Delta H}{T^2} \quad \text{あるいは} \quad \left\{\frac{\partial\left(\frac{\Delta G}{T}\right)}{\partial\left(\frac{1}{T}\right)}\right\}_p = \Delta H$$

▶**解説**◀　ギブズエネルギーの温度変化を表すには，熱力学の基本式から導出した次式が使える（p.24 を見よ）．

$$\left(\frac{\partial G}{\partial T}\right)_p = -S$$

すべての物質について $S > 0$ であるから，圧力一定におけるギブズエネルギーは温度上昇とともに減少する．また，系のエントロピーが大きいほど急激に減少する．ここで，$S = (H - G)/T$ を代入してエンタルピーで表すことにすれば，

$$\left(\frac{\partial G}{\partial T}\right)_p = \frac{G - H}{T}$$

となる．さらに変形して，

$$\left(\frac{\partial G}{\partial T}\right)_p - \frac{G}{T} = -\frac{H}{T}$$

としておけば，

$$\left\{\frac{\partial}{\partial T}\left(\frac{G}{T}\right)\right\}_p = \frac{1}{T}\left(\frac{\partial G}{\partial T}\right)_p + G\frac{\mathrm{d}}{\mathrm{d}T}\left(\frac{1}{T}\right)$$

$$= \frac{1}{T}\left(\frac{\partial G}{\partial T}\right)_p - \frac{G}{T^2} = \frac{1}{T}\left\{\left(\frac{\partial G}{\partial T}\right)_p - \frac{G}{T}\right\} = -\frac{H}{T^2}$$

となる．あるいは，つぎの便利な式が得られる．

$$\left\{\frac{\partial\left(\dfrac{G}{T}\right)}{\partial\left(\dfrac{1}{T}\right)}\right\}_p = \left\{\frac{\partial\left(\dfrac{G}{T}\right)}{\partial T}\right\}_p \left\{\frac{\mathrm{d}T}{\mathrm{d}\left(\dfrac{1}{T}\right)}\right\} = -\left(\frac{H}{T^2}\right)(-T^2) = H$$

実用的には，定圧下で起こる物理変化や化学変化に対して，そのエンタルピー変化からギブズエネルギー変化の温度依存性を求めるのに利用できることから，つぎの式を使う．

$$\left\{\frac{\partial}{\partial T}\left(\frac{\Delta G}{T}\right)\right\}_p = -\frac{\Delta H}{T^2} \quad \text{あるいは} \quad \left\{\frac{\partial\left(\dfrac{\Delta G}{T}\right)}{\partial\left(\dfrac{1}{T}\right)}\right\}_p = \Delta H$$

▶関連事項◀　ギブズエネルギーの圧力変化を表すには，熱力学の基本式から導出した次式が使える（p.24 を見よ）．

$$\left(\frac{\partial G}{\partial p}\right)_T = V \quad \text{あるいは} \quad \left(\frac{\partial G_\mathrm{m}}{\partial p}\right)_T = V_\mathrm{m}$$

すべての物質について $V_\mathrm{m} > 0$ であるから，温度一定におけるギブズエネルギーは圧力増加とともに増加する．また，モル体積が大きいほど圧力に敏感であるから，気相のモルギブズエネルギーは液相や固相より加圧によって急激に上昇する．

上の式を使って，完全気体のギブズエネルギーの圧力変化を求めよう．まず，$\mathrm{d}G_\mathrm{m} = V_\mathrm{m}\,\mathrm{d}p$ より，圧力が p_i から p_f に変化したとする．そうすれば，

$$\Delta G_\mathrm{m} = \int_{p_\mathrm{i}}^{p_\mathrm{f}} V_\mathrm{m}\,\mathrm{d}p$$

と書けるから，これに $V_\mathrm{m} = RT/p$ を代入して計算すると，

$$\Delta G_\mathrm{m} = \int_{p_\mathrm{i}}^{p_\mathrm{f}} V_\mathrm{m}\,\mathrm{d}p = \int_{p_\mathrm{i}}^{p_\mathrm{f}} \frac{RT}{p}\,\mathrm{d}p = RT\int_{p_\mathrm{i}}^{p_\mathrm{f}} \frac{1}{p}\,\mathrm{d}p = RT\ln\left(\frac{p_\mathrm{f}}{p_\mathrm{i}}\right)$$

となる．そこで，標準圧力を $p^\ominus$ として，完全気体のモルギブズエネルギーを標準モルギブズエネルギーで表せば，

$$G_\mathrm{m}(T,p) = G_\mathrm{m}^\ominus(T) + RT\ln\left(\frac{p}{p^\ominus}\right)$$

とすることができる．

3. 相　平　衡

3・1　クラペイロンの式　★★★

概要　2相が平衡を保ちながら圧力か温度のどちらかが変化したとき，その両者の変化の間の関係は次式で与えられる．

基本式 No.15

$$\frac{\mathrm{d}p}{\mathrm{d}T} = \frac{\Delta_{\mathrm{trs}}S}{\Delta_{\mathrm{trs}}V} = \frac{\Delta_{\mathrm{trs}}H}{T\Delta_{\mathrm{trs}}V}$$

$\Delta_{\mathrm{trs}}S$ は転移エントロピー，$\Delta_{\mathrm{trs}}H$ は転移エンタルピー，$\Delta_{\mathrm{trs}}V$ は転移モル体積である．ここで，$\Delta_{\mathrm{trs}}S$ と $\Delta_{\mathrm{trs}}H$ はモル当たりで定義されている．

解説　クラペイロンの式は，熱力学の基本式の一つ $\mathrm{d}G = V\mathrm{d}p - S\mathrm{d}T$ (p.23を見よ) から導出できる．まず，注目する2相がある圧力および温度で平衡にあれば，そのモルギブズエネルギーの間に $G_{\mathrm{m}}(1) = G_{\mathrm{m}}(2)$ が成り立つ．そこから圧力を $\mathrm{d}p$，温度を $\mathrm{d}T$ だけ無限小変化させれば，それぞれの相のギブズエネルギーの無限小変化はつぎのように表される．

$$\mathrm{d}G_{\mathrm{m}}(1) = V_{\mathrm{m}}(1)\,\mathrm{d}p - S_{\mathrm{m}}(1)\,\mathrm{d}T$$
$$\mathrm{d}G_{\mathrm{m}}(2) = V_{\mathrm{m}}(2)\,\mathrm{d}p - S_{\mathrm{m}}(2)\,\mathrm{d}T$$

2相間の平衡は変化後も保たれているから，$\mathrm{d}G_{\mathrm{m}}(1) = \mathrm{d}G_{\mathrm{m}}(2)$ である．そこで，

$$\{V_{\mathrm{m}}(2) - V_{\mathrm{m}}(1)\}\,\mathrm{d}p = \{S_{\mathrm{m}}(2) - S_{\mathrm{m}}(1)\}\,\mathrm{d}T$$

である．転移エントロピー $\Delta_{\mathrm{trs}}S = S_{\mathrm{m}}(2) - S_{\mathrm{m}}(1)$ は両相のモルエントロピーの差であり，転移における体積変化 $\Delta_{\mathrm{trs}}V = V_{\mathrm{m}}(2) - V_{\mathrm{m}}(1)$ はモル体積の差であるから，

$$\Delta_{\mathrm{trs}}V\,\mathrm{d}p = \Delta_{\mathrm{trs}}S\,\mathrm{d}T$$

と書くことができる．そこで，

$$\frac{\mathrm{d}p}{\mathrm{d}T} = \frac{\Delta_{\mathrm{trs}}S}{\Delta_{\mathrm{trs}}V}$$

となる．ここで，転移温度での転移エントロピーと転移エンタルピーには，

$$\Delta_{\mathrm{trs}}S(T_{\mathrm{trs}}) = \frac{\Delta_{\mathrm{trs}}H(T_{\mathrm{trs}})}{T_{\mathrm{trs}}}$$

の関係があるから，

$$\frac{\mathrm{d}p}{\mathrm{d}T} = \frac{\Delta_{\mathrm{trs}}H(T)}{T\Delta_{\mathrm{trs}}V(T)}$$

と書くことができる．ただし，ここでの転移温度は相境界上のすべての点に適用できるから，T_{trs} を単に T に置き換えてある．重要なことは，クラペイロンの式を導出するうえで仮定や近似を用いていないことであり，この関係は熱力学的に成り立つ．

クラペイロンの式から，p-T 相図上の相境界線の勾配の符号や大きさがわかる．固相-液相の境界では，転移エンタルピーは融解エンタルピーであり，融解は常に吸熱的であるから正の値をもつ．モル体積は，たいていの物質で融解に伴いわずかに増加するから $\Delta_{\mathrm{trs}}V$ は正である．ただし小さい．そこで，この相境界線の勾配は大きく正（右上がり）である．つまり，大きな圧力を加えても融解温度の上昇はごくわずかである．ところが，水はこれと異なる．融解が吸熱であることに変わりはないが，モル体積は融解によって減少するから，$\Delta_{\mathrm{trs}}V$ は小さいながら負の値をもつ．その結果，氷-液体の水の相境界線の勾配は急で負（右下がり）となる．氷の場合は，大きな圧力を加えたとき融解温度はごくわずか低下するのである．

ところで，相の一方が凝縮相で他方が完全気体として扱える気体の場合は近似が使える．すなわち，気液の相境界では $\Delta_{\mathrm{vap}}V \approx V_{\mathrm{m}}(\mathrm{g}) = RT/p$ とおいて，

$$\frac{\mathrm{d}p}{\mathrm{d}T} = \frac{\Delta_{\mathrm{vap}}H}{TV_{\mathrm{m}}(\mathrm{g})} = \frac{p\,\Delta_{\mathrm{vap}}H}{RT^2}$$

とできる．そこで，

$$\frac{\mathrm{d}p}{p} = \frac{\Delta_{\mathrm{vap}}H}{RT^2}\,\mathrm{d}T$$

とすれば，

$$\frac{\mathrm{d}(\ln p)}{\mathrm{d}T} = \frac{\Delta_{\mathrm{vap}}H}{RT^2}$$

と書ける．これをクラウジウス-クラペイロンの式という．気固の相境界を扱うときは，蒸発エンタルピーの代わりに昇華エンタルピーを使えばよい．

▶ 関連事項 ◀ クラウジウス-クラペイロンの式を利用する重要な例として，蒸気圧の温度変化を表す式の導出がある．それには，$\Delta_{\mathrm{vap}}H$ は温度変化しないとして，つぎの積分を行えばよい．

$$\int_{\ln p}^{\ln p^*} \mathrm{d}\ln p = \frac{\Delta_{\mathrm{vap}}H}{R}\int_T^{T^*}\frac{\mathrm{d}T}{T^2} = -\frac{\Delta_{\mathrm{vap}}H}{R}\left(\frac{1}{T^*} - \frac{1}{T}\right)$$

p^* は温度 T^* のときの蒸気圧，p は温度 T のときの蒸気圧である．そこで，

$$\ln p = \ln p^* + \frac{\Delta_{\mathrm{vap}}H}{R}\left(\frac{1}{T^*} - \frac{1}{T}\right)$$

である．この式を使えば，ある温度での蒸気圧がわかっているとき，べつの温度での蒸気圧を計算することができる．一方，蒸気圧の温度依存性に注目すれば，

$$\ln p = -\frac{\Delta_{\mathrm{vap}} H}{RT} + \text{定数}$$

の形をしていることがわかる．すなわち，蒸気圧の対数を熱力学温度の逆数に対してプロットすれば，その勾配から蒸発エンタルピーが求められる．また，蒸気圧は次式で表される．

$$\ln p = A - \frac{B}{T}$$

A と B は定数である．しかしながら，実際に測定された蒸気圧の温度依存性は，温度範囲が広くなるとこの式に合わないため，いろいろな経験式が提案されている．よく使われる簡単な式は，つぎのアントワンの式である．

$$\log_{10} p = A - \frac{B}{T + C}$$

ここでの定数 A, B, C をアントワン定数という（左辺はふつう常用対数で表されているから注意）．べつの方法として，$\Delta_{\mathrm{vap}}H$ の温度依存性に注目して，

$$\Delta_{\mathrm{vap}}H = A + BT + CT^2$$

とおき，クラウジウス-クラペイロンの式を積分した次式を用いて実測値にフィットする場合もある．

$$\ln p = \frac{1}{R}\left(-\frac{A}{T} + B\ln T + CT + D\right)$$

A, B, C, D は定数である．

3・2　相　　律　★★★

▶概要◀ 系が平衡にあるとき，その相の数（P）と成分の数（C），示強性変数の数（F）の間にはつぎの関係がある．

基本式
No.16

$$F = C - P + 2$$

▶解説◀ 相とは，化学組成も物理状態も全体として均一な存在形式である．相律でいう成分とは，化学的に独立な系の構成要素である．その構成要素とは，存在する化学種（イオンや分子）のことであるが，ふつうの“成分”とは区別する必要がある．すなわち，ここでの成分の数 C とは，系に存在するすべての相の組成を指定するのに必要で，しかも独立な化学種の最小数をいう．示強性変数の数（自由度あるいは可変度）F は，平衡にある相の数 P に影響を及ぼさずに独立に変化させられる示強性変数（圧力，温度，モル分率など）の数である．$F=0$ の系を不変系という．

単一の物質から成る系では，4 相が平衡状態で共存することはない．仮に存在するとすれば，$G_m(1) = G_m(2)$，$G_m(2) = G_m(3)$，$G_m(3) = G_m(4)$ の 3 式が成り立つが，モルギブズエネルギーを決めている示強性変数は圧力と温度の二つしかない．したがって，四つのモルギブズエネルギーが全部等しいことはありえない．

相律を一般に導出するには，注目する系の示強性変数を数えるところから始める．まず，圧力 p と温度 T で 2 個ある．一方，相の組成は $C-1$ 個の成分のモル分率がわかれば決まる．それは，$x_1 + x_2 + \cdots + x_C = 1$ の関係があるからである．相は全部で P 個あるから，これによる組成変数の総数は $P(C-1)$ 個である．これで示強性変数の数は $P(C-1)+2$ 個となる．ここで平衡条件を課して，その制約条件の数を数える．平衡であれば，どの相でも成分 J のモルギブズエネルギーは等しくなければならない．すなわち，相は P 個あるから，

$$G_{\mathrm{J,m}}(1) = G_{\mathrm{J,m}}(2) = \cdots = G_{\mathrm{J,m}}(P)$$

である．そこで，各成分 J について満たすべきこの種の式が全部で $P-1$ 個あることになる．成分は C 個あるから，その式の総数は $C(P-1)$ 個である．この式 1 個について自由度 1 個を減らすことになるから，上で求めた示強性変数の数 $P(C-1)+2$ 個から差し引く必要がある．したがって，自由度の総数は，

$$F = P(C-1)+2-C(P-1) = C-P+2$$

となる．ただし，系の性質が電場や磁場に依存する場合など，付加的な示強性の性質が重要になる特殊な場合には，それを自由度に加えなければならない．

3・3　ギブズ–デュエムの式　★★

▶概 要◀　混合物が圧力および温度一定の条件下にあるとき，化学種Jのいろいろな部分モル量（X_J）について，すべての変化量の間にはつぎの関係がある．

基本式
No.17

$$\sum_J n_J \, dX_J = 0$$

n_J は成分Jの物質量である．ギブズ–デュエムの式の特別な場合として，2成分混合物（成分AとB）の部分モルギブズエネルギー（化学ポテンシャル μ_A と μ_B）については次式が成り立つ．

$$n_A \, d\mu_A + n_B \, d\mu_B = 0$$

▶解 説◀　混合物を熱力学的に扱うには，部分モル量が中心的な働きをする．わかりやすいのは部分モル体積（V_J）であり，つぎのように定義される．

$$V_J = \left(\frac{\partial V}{\partial n_J}\right)_{p,T,n'}$$

偏導関数の下付き添字 n' は，混合物中に存在する他のすべての物質量を一定に保つことを示している．ここで，成分Aが n_A，成分Bが n_B から成る2成分混合物について考えよう．これに対して成分Aを dn_A だけ追加し，Bを dn_B だけ追加したとき，この混合物の全体積の変化は次式で表される．

$$dV = \left(\frac{\partial V}{\partial n_A}\right)_{p,T,n_B} dn_A + \left(\frac{\partial V}{\partial n_B}\right)_{p,T,n_A} dn_B = V_A dn_A + V_B dn_B$$

ここで，成分を追加しても組成が一定であることが保証されるなら，部分モル体積は一定とみなせるから積分が可能であり，次式が成り立つ．

$$V = V_A \int_0^{n_A} dn_A + V_B \int_0^{n_B} dn_B = V_A n_A + V_B n_B$$

ここで，V は状態関数であるから，この式は混合物の調製の仕方に関係なく成り立つといえる．

部分モルギブズエネルギーである化学ポテンシャルは，つぎのように定義される．

$$\mu_J = \left(\frac{\partial G}{\partial n_J}\right)_{p,T,n'}$$

そこで，部分モル体積の場合と同様の考えから，2成分混合物の全ギブズエネル

ギーは，

$$G = \mu_A n_A + \mu_B n_B$$

で与えられる．混合物のギブズエネルギーにはこれらの変数が加わるから，熱力学の基本式の一つ $dG = Vdp - SdT$ (p.23を見よ) を一般につぎのように変更しておく．

$$dG = Vdp - SdT + \mu_A dn_A + \mu_B dn_B + \cdots$$

この式は化学熱力学の基本式の一つである．ここで，2成分系に話を戻して，圧力と温度が一定であれば次式が成り立つ．

$$dG = \mu_A dn_A + \mu_B dn_B$$

一方，組成を無限小変化させたときの全ギブズエネルギー変化は，

$$dG = \mu_A dn_A + \mu_B dn_B + n_A d\mu_A + n_B d\mu_B$$

で表されるから，上の2式から次式が成り立つ．

$$n_A d\mu_A + n_B d\mu_B = 0$$

これは，つぎのギブズ-デュエムの式の特別な場合である．

$$\sum_J n_J d\mu_J = 0$$

この式は，混合物の一つの成分の化学ポテンシャルは，他の化学ポテンシャルと独立に変化できないことを述べているだけである．すなわち，2成分混合物の化学ポテンシャルについては，

$$d\mu_B = -\frac{n_A}{n_B} d\mu_A$$

でなければならない．同じことは，すべての部分モル量について成り立つ．

3・4　ラウールの法則とヘンリーの法則　★★★

▶概要◀　理想溶液では，全組成域でつぎのラウールの法則が成り立つ．すなわち，成分物質Jが示す蒸気分圧（p_J）は，液相中のモル分率（x_J）と，それが純粋なときに示す蒸気圧（p_J^*）に比例する．

基本式
No.18

$$p_J = x_J p_J^*$$

理想希薄溶液では，溶媒Aがラウールの法則に従う一方で，希薄な溶質成分Bについてはつぎのヘンリーの法則が成り立つ．すなわち，揮発性の溶質の蒸気圧（p_B）は液相中のモル分率（x_B）に比例する．

$$p_B = K_B' x_B$$

K_B' をヘンリーの法則の定数という．同じヘンリーの法則であるが，液相に溶けている気体のモル濃度（c_B）が蒸気相での分圧（p_B）にどう依存するかを示すには，つぎの形で表しておくとわかりやすく，気体の溶解度の概算に用いられる．

$$c_B = K_B p_B$$

この場合の K_B もヘンリーの法則の定数という．

▶解説◀　実在の溶液にとって，ラウールの法則は極限則の一つであり，溶質

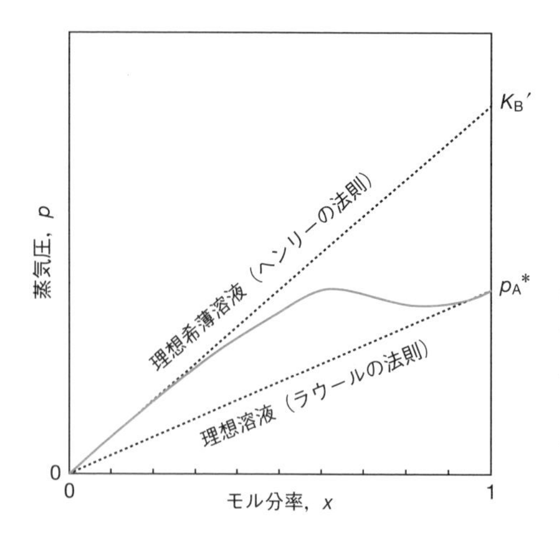

図3・1　理想希薄溶液で見られるヘンリーの法則とラウールの法則．理想溶液であれば，全組成域でラウールの法則が成り立つから $K_B' = p_B^*$ である．

濃度が0（純溶媒）の極限でのみ厳密に正しい．理想溶液は，分子間相互作用はあるものの，溶媒-溶媒，溶質-溶質，溶媒-溶質の相互作用がすべて同じとみなせる仮想的な溶液である．図3·1に，理想希薄溶液の溶質で見られるヘンリーの法則と，溶媒について成り立つラウールの法則を示す．

溶液の熱力学を論じるうえで必要となる溶媒と溶質の化学ポテンシャルを求めておこう．まず，溶液中の溶媒成分Aがその蒸気分圧 p_A で蒸気相と平衡にあるとき，この成分の2相における化学ポテンシャルは等しい．つまり，$\mu_A(l) = \mu_A(g)$ である．一方，その蒸気の化学ポテンシャルは $\mu_A(g) = \mu_A^{\ominus}(g) + RT\ln(p_A/p^{\ominus})$ であるから，

$$\mu_A(l) = \mu_A^{\ominus}(g) + RT\ln(p_A/p^{\ominus})$$

である．こうして，蒸気相での化学ポテンシャルをもとに，これと平衡にある溶液での化学ポテンシャルを導くのである．ここで，ラウールの法則によれば $p_A = x_A p_A^*$ であるから，

$$\mu_A(l) = \mu_A^{\ominus}(g) + RT\ln(x_A p_A^*/p^{\ominus}) = \mu_A^{\ominus}(g) + RT\ln(p_A^*/p^{\ominus}) + RT\ln x_A$$

と書ける．最右辺のはじめの2項をまとめて定数 μ_A^* とおけば，

$$\mu_A = \mu_A^* + RT\ln x_A$$

である．これは理想溶液の溶媒の化学ポテンシャルを表している．μ_A^* は純溶媒Aの化学ポテンシャルである．ただし，$p_A^* = p^{\ominus} = 1\,\mathrm{bar}$ の場合は $\mu_A^* = \mu_A^{\ominus}$ である．$x_A < 1$ であるから，溶液中の溶媒の化学ポテンシャルは純溶媒（$x_A = 1$）のときよりも低いことがわかる．

溶質の化学ポテンシャルも同じようにして求められる．溶液中の溶質Bがその蒸気分圧 p_B で蒸気相と平衡にあれば，$\mu_B(l) = \mu_B(g)$ である．一方，その蒸気の化学ポテンシャルは $\mu_B(g) = \mu_B^{\ominus}(g) + RT\ln(p_B/p^{\ominus})$ であるから，

$$\mu_B(l) = \mu_B^{\ominus}(g) + RT\ln(p_B/p^{\ominus})$$

である．ヘンリーの法則によれば $p_B = K_B' x_B$ であるから，

$$\mu_B(l) = \mu_B^{\ominus}(g) + RT\ln(K_B' x_B/p^{\ominus}) = \mu_B^{\ominus}(g) + RT\ln(K_B'/p^{\ominus}) + RT\ln x_B$$

と書ける．最右辺のはじめの2項をまとめて定数 μ_B^* とおけば，

$$\mu_B = \mu_B^* + RT\ln x_B$$

となる．これは理想希薄溶液の溶質の化学ポテンシャルを表している．μ_B^* は純溶質（液体）Bの化学ポテンシャルである．溶液中の溶質の化学ポテンシャルは純溶質（$x_B = 1$）のときより低い．なお，溶質のモル濃度で表した場合の溶質の化学ポテンシャルは次式で表される．

$$\mu_B = \mu_B^{\ominus} + RT\ln\left(\frac{c_B}{c^{\ominus}}\right)$$

$c^{\ominus}$ は標準モル濃度（$1\ \mathrm{mol\,dm^{-3}}$）である．

▶関連事項◀　ヘンリーの法則は，活量係数を定義するうえでの基礎として用いられる．ある化学種 J の活量 a_J は，溶質の化学ポテンシャルを表す式と同じ形の次式で定義される．

$$\mu_J = \mu_J^{\ominus} + RT\ln a_J$$

$\mu_J^{\ominus}$ は化学種 J の標準化学ポテンシャルである．活量は実効的な熱力学濃度であり，理想性からのずれを取入れたものとみなせる．そこで，あらゆる濃度についてこの式が成り立ち，溶媒についても使える．たとえば，溶液中の溶媒の活量は，その蒸気圧 p_J を測定し，純粋なときの蒸気圧 p_J^* との比で求められる．

$$a_J = \frac{p_J}{p_J^*}$$

ここで，活量とモル分率の関係を，

$$a_J = \gamma_J x_J$$

と書いて，化学種 J の活量係数 γ_J を導入しておく．すなわち，

$$\text{溶媒：}\quad a_A = \gamma_A x_A$$

$$\text{溶質：}\quad a_B = \gamma_B x_B = \gamma_B c_B/c^{\ominus}$$

である．こう定義しておけば，J が溶媒のときは $x_J \to 1$ で $\gamma_J \to 1$ とし，J が溶質のときは $x_J \to 0$ で $\gamma_J \to 1$ とすることで，それぞれラウールの法則とヘンリーの法則に合わせることができる．

3・5 混合の熱力学関数 ★★★

▶概要◀ 完全気体AとBがそれぞれ物質量n_Aとn_Bだけあるとき，両者が温度Tで混合したときの混合ギブズエネルギーは，

基本式
No.19
$$\Delta_{mix}G = nRT(x_A \ln x_A + x_B \ln x_B)$$

である．x_Aとx_Bはそれぞれのモル分率であり，$n = n_A + n_B$である．また，混合エンタルピーと混合エントロピーは次式で表される．

$$\Delta_{mix}H = 0 \qquad \Delta_{mix}S = -nR(x_A \ln x_A + x_B \ln x_B)$$

理想溶液の混合（溶解）でも上と同じ式が成り立つ．

▶解説◀ 完全気体の混合物中の成分気体Jの化学ポテンシャル（μ_J）は，

$$\mu_J = \mu_J^{\ominus} + RT\ln\left(\frac{p_J}{p^{\ominus}}\right)$$

で表される．$\mu_J^{\ominus}$はJの標準化学ポテンシャル，p_Jはその分圧である．また，$p^{\ominus} = 1\,\text{bar}$である．いま，2成分の完全気体がそれぞれ温度$T$および圧力$p$にあるとき，両者の混合前のギブズエネルギーの和は，

$$G_i = n_A\mu_A + n_B\mu_B = n_A\{\mu_A^{\ominus} + RT\ln(p/p^{\ominus})\} + n_B\{\mu_B^{\ominus} + RT\ln(p/p^{\ominus})\}$$

である．一方，混合後のギブズエネルギーの和は，ドルトンの法則（p.8を見よ）を用いれば，

$$\begin{aligned} G_f &= n_A\{\mu_A^{\ominus} + RT\ln(p_A/p^{\ominus})\} + n_B\{\mu_B^{\ominus} + RT\ln(p_B/p^{\ominus})\} \\ &= n_A\{\mu_A^{\ominus} + RT\ln(x_A p/p^{\ominus})\} + n_B\{\mu_B^{\ominus} + RT\ln(x_B p/p^{\ominus})\} \end{aligned}$$

となる．$\Delta_{mix}G = G_f - G_i$であるから，

$$\Delta_{mix}G = RT(n_A \ln x_A + n_B \ln x_B) = nRT(x_A \ln x_A + x_B \ln x_B)$$

となり，圧力には無関係である．$\Delta_{mix}G < 0$であるから，この混合は自発過程である．次に，$\Delta_{mix}G = \Delta_{mix}H - T\Delta_{mix}S$であるから，

$$\Delta_{mix}H = 0 \qquad \Delta_{mix}S = -nR(x_A \ln x_A + x_B \ln x_B)$$

が得られる．あるいは，$(\partial G/\partial T)_{p,n} = -S$であることから（p.24を見よ），

$$\Delta_{\mathrm{mix}} S = -\left(\frac{\partial \Delta_{\mathrm{mix}} G}{\partial T}\right)_{p,n}$$

から求めてもよい．気体が等量あれば $\Delta_{\mathrm{mix}} S = nR \ln 2$ となり，このときの混合エントロピーは最大である．完全気体では分子間に相互作用がないから混合エンタルピーは0であるが，混合エントロピーは正であり，混合によって系が乱れることがわかる．

理想溶液では，完全気体の場合と違って分子間に相互作用があるが，A–A 間と B–B 間，A–B 間の相互作用が等しいため $\Delta_{\mathrm{mix}} H = 0$ となる．また，$\Delta_{\mathrm{mix}} G$ や $\Delta_{\mathrm{mix}} S$ も同じ式で表される．一方，混合の際の体積変化については，$(\partial G/\partial p)_{T,n} = V$ であることから（p.24 を見よ），

$$\Delta_{\mathrm{mix}} V = \left(\frac{\partial \Delta_{\mathrm{mix}} G}{\partial p}\right)_{T,n}$$

と書ける．そこで，完全気体でも理想溶液でも $\Delta_{\mathrm{mix}} G$ は圧力に依存しないから $\Delta_{\mathrm{mix}} V = 0$ であることがわかる．

▶関連事項◀　溶質と溶媒の相互作用がファンデルワールス力など弱い相互作用でありながら，理想溶液と違って，混合エンタルピーが0でない溶液モデルとして正則溶液がある．その混合エントロピーは0である．いま，2成分系の混合エンタルピーを $\Delta_{\mathrm{mix}} H = n\beta RT x_{\mathrm{A}} x_{\mathrm{B}}$ で表したとき，無次元のパラメーター β が負なら混合は発熱であり，A–A 間や B–B 間の相互作用に比べて A–B 間の相互作用の方が強い．$\beta > 0$ なら混合は吸熱である．ここで，2成分系の正則溶液の混合ギブズエネルギーは次式で表される．

$$\Delta_{\mathrm{mix}} G = nRT(x_{\mathrm{A}} \ln x_{\mathrm{A}} + x_{\mathrm{B}} \ln x_{\mathrm{B}} + \beta x_{\mathrm{A}} x_{\mathrm{B}})$$

このモデルによれば $\beta > 2$ で相分離を示せるなど，実際に起こる現象を再現できる．

実在の溶液の熱力学的性質を表すには，実測の混合の熱力学関数と理想溶液の対応する関数との差として過剰関数 X^{E} を用いる．すなわち，

$$X^{\mathrm{E}} = \Delta_{\mathrm{mix}} X - \Delta_{\mathrm{mix}} X^{\mathrm{ideal}}$$

である．ここで，$X = G, H, S, V$ である．

3・6　浸透圧に関するファントホッフの式　★★

概要　半透膜を介して接する溶液と純溶媒の間で生じる浸透圧（Π）は，理想溶液では溶質のモル濃度（[B]）に比例する．

基本式
No.20

$$\Pi = [\mathrm{B}]RT$$

実在溶液については，気体のビリアル状態方程式（p.6を見よ）と同じように展開式の形で表される．

$$\Pi = [\mathrm{B}]RT(1 + B[\mathrm{B}] + \cdots)$$

Bは浸透の第二ビリアル係数である．

解説　平衡条件として，純溶媒Aの圧力pでの化学ポテンシャル$\mu_A{}^*(p)$が，溶液側の圧力$p+\Pi$でのAの化学ポテンシャル$\mu_A(x_A,\ p+\Pi)$に等しいことに注目する．純溶媒と溶液におけるAの化学ポテンシャルと圧力の関係を図3·2に示す．

まず，ラウールの法則を使えば，

$$\mu_A{}^*(p) = \mu_A(x_A,\ p+\Pi) = \mu_A{}^*(p+\Pi) + RT\ln x_A$$

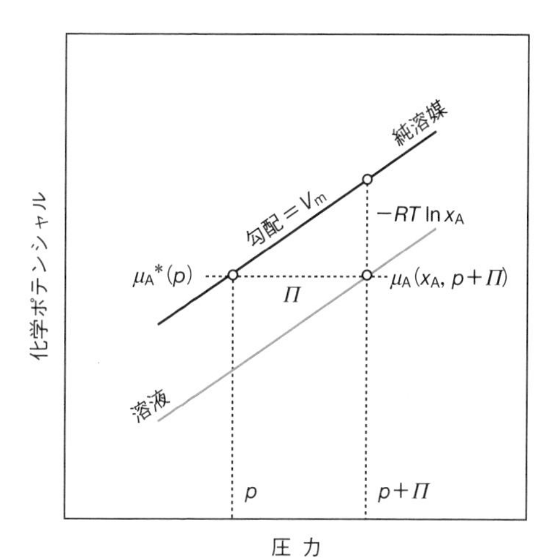

図3·2　ファントホッフの式の導出に用いる化学ポテンシャルの圧力依存性．

と書ける．一方，

$$\left(\frac{\partial \mu}{\partial p}\right)_T = V_{\mathrm{m}}$$

であるから（p.24 を見よ），純溶媒について，この両辺を圧力 p から $p+\Pi$ まで積分すれば，

$$\mu_{\mathrm{A}}{}^*(p+\Pi) - \mu_{\mathrm{A}}{}^*(p) = \int_p^{p+\Pi} V_{\mathrm{m}}\,\mathrm{d}p$$

となる．圧力範囲が狭くて純溶媒のモル体積が一定とみなせれば，それを積分の外に出して，

$$\Pi V_{\mathrm{m}} = -RT\ln x_{\mathrm{A}}$$

とできる．また，希薄溶液であれば $\ln x_{\mathrm{A}} = \ln(1-x_{\mathrm{B}}) \approx -x_{\mathrm{B}}$ であるから，

$$\Pi V_{\mathrm{m}} = RTx_{\mathrm{B}}$$

である．さらに，希薄溶液では $x_{\mathrm{B}} \approx n_{\mathrm{B}}/n_{\mathrm{A}}$ であり，$n_{\mathrm{A}}V_{\mathrm{m}} = V$ だから，

$$\Pi = [\mathrm{B}]RT$$

となる．浸透現象は，高分子のモル質量を求める方法として使われている（p.169 を見よ）．

▶関連事項◀　束一的性質には，浸透のほかにも蒸気圧降下や凝固点降下，沸点上昇がある．図 3·3 に示すように，これらは化学ポテンシャルの温度依存性に注目すれば理解できる．しかし，いまでは実用上の意味はほとんどない．

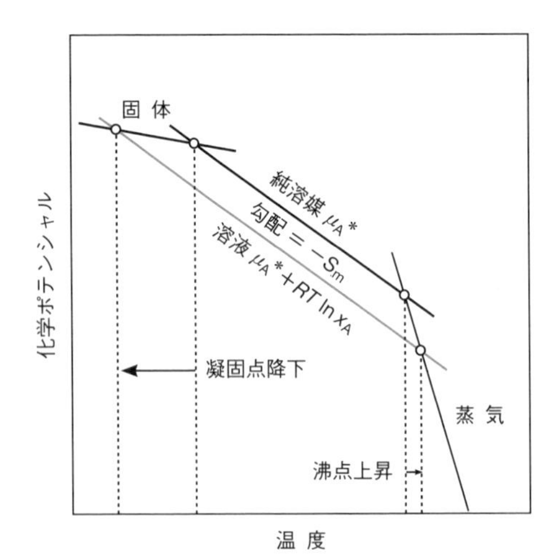

図 3·3　溶質の存在により溶媒の化学ポテンシャルが低下し，溶媒の蒸気圧が低下する．その結果，凝固点降下と沸点上昇が起こる．気体のモルエントロピーは液体や固体より大きいから，凝固点降下の大きさは沸点上昇より大きい．

4. 化 学 平 衡

4・1　反応ギブズエネルギーの組成依存性　★★★

▶概要◀　反応 $a\mathrm{A} + b\mathrm{B} \longrightarrow c\mathrm{C} + d\mathrm{D}$ の反応ギブズエネルギー（$\Delta_\mathrm{r}G$）は，

基本式
No.21

$$\Delta_\mathrm{r}G = \Delta_\mathrm{r}G^\ominus + RT\ln Q$$

で与えられる．$\Delta_\mathrm{r}G^\ominus$ は標準反応ギブズエネルギーであり，次式で表される．

$$\Delta_\mathrm{r}G^\ominus = \{cG_\mathrm{m}{}^\ominus(\mathrm{C}) + dG_\mathrm{m}{}^\ominus(\mathrm{D})\} - \{aG_\mathrm{m}{}^\ominus(\mathrm{A}) + bG_\mathrm{m}{}^\ominus(\mathrm{B})\}$$

$G_\mathrm{m}{}^\ominus(\mathrm{J})$ は化学種 J の標準モルギブズエネルギーである．また，Q は反応比であり，つぎのように表される．

$$Q = \frac{a_\mathrm{C}^c a_\mathrm{D}^d}{a_\mathrm{A}^a a_\mathrm{B}^b}$$

a_J は化学種 J の活量である．

▶解説◀　反応ギブズエネルギーの組成依存性を表す式を導出するための出発点は,反応に関与する化学種 J それぞれの化学ポテンシャルである（p.38 を見よ）．

$$\mu_\mathrm{J} = \mu_\mathrm{J}{}^\ominus + RT\ln a_\mathrm{J}$$

反応ギブズエネルギーは次式で表されるから，これに化学ポテンシャルを代入する．

$$\Delta_\mathrm{r}G = (c\mu_\mathrm{C} + d\mu_\mathrm{D}) - (a\mu_\mathrm{A} + b\mu_\mathrm{B})$$

そうすれば,

$$\Delta_\mathrm{r}G = \{(c\mu_\mathrm{C}{}^\ominus + d\mu_\mathrm{D}{}^\ominus) - (a\mu_\mathrm{A}{}^\ominus + b\mu_\mathrm{B}{}^\ominus)\} + RT(c\ln a_\mathrm{C} + d\ln a_\mathrm{D} - a\ln a_\mathrm{A} - b\ln a_\mathrm{B})$$

となる．そこで，標準化学ポテンシャルに相当する項と活量に関する項をそれぞれまとめれば,

$$\Delta_\mathrm{r}G = \Delta_\mathrm{r}G^\ominus + RT\ln\left(\frac{a_\mathrm{C}^c a_\mathrm{D}^d}{a_\mathrm{A}^a a_\mathrm{B}^b}\right)$$

となる．ここで，$\Delta_\mathrm{r}G < 0$ に相当する組成であれば正反応が自発的であり，$\Delta_\mathrm{r}G > 0$ の場合は逆反応が自発的である．また，$\Delta_\mathrm{r}G = 0$ でこの反応は平衡にある．すなわち,

$$\Delta_\mathrm{r}G = 0 \qquad \text{平衡の条件}（T, p\ 一定）$$

である．平衡における反応比（$Q_{平衡}$）は平衡定数（K）に等しい．

$$K = Q_{平衡} = \left(\frac{a_{\mathrm{C}}^{c}\,a_{\mathrm{D}}^{d}}{a_{\mathrm{A}}^{a}\,a_{\mathrm{B}}^{b}}\right)_{平衡}$$

さらに，平衡（$\Delta_{\mathrm{r}}G = 0$）においては，

$$0 = \Delta_{\mathrm{r}}G^{\ominus} + RT\ln K$$

であるから，

$$\Delta_{\mathrm{r}}G^{\ominus} = -RT\ln K$$

が成り立つ．標準反応ギブズエネルギーと平衡定数を結びつけるこの式は，化学熱力学で最も重要な式の一つである．

熱力学的には，$\Delta_{\mathrm{r}}G^{\ominus} < 0$ の反応は（$K > 1$ という点で）うまくいく反応であり，発エルゴン的であるという．逆に，$\Delta_{\mathrm{r}}G^{\ominus} > 0$ の反応は（$K < 1$ という点で）うまくいかない反応であり，吸エルゴン的であるという．一方，反応混合物の組成が与えられたとき，その反応が進行する基準はあくまでも $\Delta_{\mathrm{r}}G < 0$ であり，$\Delta_{\mathrm{r}}G^{\ominus} < 0$ ではない．$\Delta_{\mathrm{r}}G^{\ominus}$ の値は，平衡に到達したときに生成物が優勢か，反応物が優勢かを示しているだけである．$\Delta_{\mathrm{r}}G^{\ominus}$ と $\Delta_{\mathrm{r}}G$ を混同してはならない．

ここで，反応比に用いる活量について整理しておこう．理想希薄溶液の溶質については，標準モル濃度 $c^{\ominus} = 1\ \mathrm{mol\ dm^{-3}}$ に対する化学種 J のモル濃度として $a_{\mathrm{J}} = c_{\mathrm{J}}/c^{\ominus}$，あるいは $[\mathrm{J}]/c^{\ominus}$ で表す．ただし，化学平衡を論じるときはモル濃度を $[\mathrm{J}]$ で表すのがふつうである．完全気体については，標準圧力 $p^{\ominus} = 1\ \mathrm{bar}$ に対する化学種 J の分圧として $a_{\mathrm{J}} = p_{\mathrm{J}}/p^{\ominus}$ で表す．純粋な固体や液体の場合は $a_{\mathrm{J}}=1$ である．

▶関連事項◀ 標準反応ギブズエネルギー（$\Delta_{\mathrm{r}}G^{\ominus}$）は，反応に関わる生成物と反応物の標準モルギブズエネルギーの差の形でつぎのように表される．

$$\Delta_{\mathrm{r}}G^{\ominus} = \sum \nu G_{\mathrm{m}}{}^{\ominus}(生成物) - \sum \nu G_{\mathrm{m}}{}^{\ominus}(反応物)$$

ν は化学反応式に現れる量論係数である．$\Delta_{\mathrm{r}}G^{\ominus}$ を計算するのに，実際には各物質の標準生成ギブズエネルギー（$\Delta_{\mathrm{f}}G^{\ominus}$）を用いる．ある物質の標準生成ギブズエネルギーとは，基準状態にある構成元素の単体を出発物質として生成したときの（目的とする分子または化学式 1 mol 当たりの）標準反応ギブズエネルギーである．すなわち，実際の求め方はつぎの式による．

$$\Delta_{\mathrm{r}}G^{\ominus} = \sum \nu \Delta_{\mathrm{f}}G^{\ominus}(生成物) - \sum \nu \Delta_{\mathrm{f}}G^{\ominus}(反応物)$$

$\Delta_{\mathrm{f}}G^{\ominus}$ の値は，いろいろな物質について熱力学データとして表になっている．ふつうは 25 °C での値である．

標準反応エンタルピー（$\Delta_{\mathrm{r}}H^{\ominus}$）は，標準反応ギブズエネルギーと同じようにつぎの式から求める．

$$\Delta_r H^\ominus = \sum \nu \Delta_f H^\ominus(\text{生成物}) - \sum \nu \Delta_f H^\ominus(\text{反応物})$$

$\Delta_f H^\ominus$ についても，いろいろな物質について熱力学データとして表になっている．一方，標準反応エントロピー（$\Delta_r S^\ominus$）については，標準モル（第三法則）エントロピー（$S_m{}^\ominus$）を用いてつぎの式から求める．

$$\Delta_r S^\ominus = \sum \nu S_m{}^\ominus(\text{生成物}) - \sum \nu S_m{}^\ominus(\text{反応物})$$

エントロピーについては，$S_m{}^\ominus$ の値が表になっているから注意が必要である．

こうして求めた標準熱力学関数を用いて，反応が自発的に起こるための熱力学的な基準を整理しておこう．

1. 発熱反応（$\Delta_r H^\ominus < 0$）で $\Delta_r S^\ominus > 0$ のときは，あらゆる温度で $\Delta_r G^\ominus < 0$ であり，したがって $K > 1$ であるから，その反応は自発的である．
2. 発熱反応（$\Delta_r H^\ominus < 0$）で $\Delta_r S^\ominus < 0$ のときは，$T < \Delta_r H^\ominus / \Delta_r S^\ominus$ の場合に限って，$\Delta_r G^\ominus < 0$ であり $K > 1$ となるから，その場合の反応は自発的である．
3. 吸熱反応（$\Delta_r H^\ominus > 0$）で $\Delta_r S^\ominus > 0$ のときは，$T > \Delta_r H^\ominus / \Delta_r S^\ominus$ の場合に限って，$\Delta_r G^\ominus < 0$ であり $K > 1$ となるから，その場合の反応は自発的である．すなわち，吸熱反応でありながら $K > 1$ となる最低温度は次式で与えられる．

$$T = \frac{\Delta_r H^\ominus}{\Delta_r S^\ominus}$$

4. 吸熱反応（$\Delta_r H^\ominus > 0$）で $\Delta_r S^\ominus < 0$ のときは，どの温度でも $\Delta_r G^\ominus < 0$ や $K > 1$ とはならないから，その反応は自発的でない．

4・2　ファントホッフの式　★★★

▶概要◀ 平衡定数 (K) の温度依存性は，標準反応エンタルピー ($\Delta_r H^\ominus$) を用いて次式で表される．

基本式 No.22

$$\frac{\mathrm{d}\ln K}{\mathrm{d}T} = \frac{\Delta_r H^\ominus}{RT^2} \quad \text{あるいは} \quad \frac{\mathrm{d}\ln K}{\mathrm{d}(1/T)} = -\frac{\Delta_r H^\ominus}{R}$$

ファントホッフのプロットでは，狭い温度範囲で $1/T$ に対して $\ln K$ をプロットすることにより，その勾配から $\Delta_r H^\ominus$ を求めることができる．

▶解説◀ 平衡定数は標準反応ギブズエネルギー ($\Delta_r G^\ominus$) と次式で関係づけられている (p.45 を見よ)．

$$\Delta_r G^\ominus = -RT\ln K$$

$\ln K$ を温度で微分すれば，

$$\frac{\mathrm{d}\ln K}{\mathrm{d}T} = -\frac{1}{R}\frac{\mathrm{d}(\Delta_r G^\ominus/T)}{\mathrm{d}T}$$

である．ここで，つぎのギブズ-ヘルムホルツの式を用いる (p.27 を見よ)．

$$\left\{\frac{\partial}{\partial T}\left(\frac{\Delta G}{T}\right)\right\}_p = -\frac{\Delta H}{T^2}$$

ただし，ここでの K や $\Delta_r G^\ominus$ は温度だけに依存し，圧力によらないから，

$$\frac{\mathrm{d}\ln K}{\mathrm{d}T} = \frac{\Delta_r H^\ominus}{RT^2}$$

とできる．もう一つの形のファントホッフの式を得るには，$\mathrm{d}T = -T^2\mathrm{d}(1/T)$ の関係を使って，

$$-\frac{\mathrm{d}\ln K}{T^2\mathrm{d}(1/T)} = \frac{\Delta_r H^\ominus}{RT^2}$$

とすれば，これを整理して，

$$\frac{\mathrm{d}\ln K}{\mathrm{d}(1/T)} = -\frac{\Delta_r H^\ominus}{R}$$

となる．ファントホッフの式からわかるように，吸熱反応 ($\Delta_r H^\ominus > 0$) の平衡定数は温度上昇とともに増加し，発熱反応 ($\Delta_r H^\ominus < 0$) では温度上昇とともに減少する．

ところで，ある温度 T_1 での平衡定数の値 K_1 がわかっていて，べつの温度 T_2 での平衡定数 K_2 を求めたいときには，2番目のファントホッフの式を積分すればよい．

$$\ln K_2 - \ln K_1 = -\frac{1}{R}\int_{1/T_1}^{1/T_2} \Delta_r H^{\ominus}\, d(1/T)$$

ここで，注目する温度範囲で $\Delta_r H^{\ominus}$ が温度変化しないとすれば，積分の外に出して，

$$\ln K_2 = \ln K_1 + \frac{\Delta_r H^{\ominus}}{R}\left(\frac{1}{T_1} - \frac{1}{T_2}\right)$$

とできる．

以上の議論では，平衡定数の温度依存性に標準反応エンタルピーが重要な役目をしており，エントロピーはまったく関与していないように見える．しかしながら，$\Delta_r G^{\ominus} = \Delta_r H^{\ominus} - T\Delta_r S^{\ominus}$ の関係を $-\Delta_r G^{\ominus}/T = -\Delta_r H^{\ominus}/T + \Delta_r S^{\ominus}$ と変形すれば，$-\Delta_r H^{\ominus}/T$ の項は実は反応による外界のエントロピー変化を表していることがわかる．つまり，この式の右辺は外界のエントロピー変化と系のエントロピー変化の合計を表しているにすぎないことがわかる．そこで，発熱反応 ($\Delta_r H^{\ominus} < 0$) であれば，反応系のエントロピーが著しく減少しない限り反応は自発的に起こる．一方，吸熱反応 ($\Delta_r H^{\ominus} > 0$) であれば，外界のエントロピー減少を埋め合わせするほど大きなエントロピー増加が系で起こらない限り，その反応は自発的にならない．すなわち，その場合の反応の駆動力は系のエントロピー増加にあるといえる．

▶関連事項◀　ルシャトリエの原理によれば，平衡にある系が外部因子によって乱されたとき，その影響を最小限にするように系の組成は調節される．ファントホッフの式は，ルシャトリエの原理の一つの側面（温度の効果）を示したものである．ここでは圧縮の効果を考えよう．ルシャトリエの原理によれば，気相平衡にある系を圧縮すれば，気相中の分子数を減らすように平衡組成が調節される．一方，平衡定数 K は圧力に無関係であるから，反応混合物を等温で圧縮しても平衡定数は変わらない．このとき変化するのは，反応に関与する個々の成分の分圧や濃度である．そこで，ヨウ化水素の生成の平衡反応 $H_2(g) + I_2(s) \rightleftharpoons 2HI(g)$ を例に具体的に考えよう．

この反応では，気体成分 J の分圧 (p_J) をモル分率 (x_J) と全圧力 (p) で表して，平衡定数 (K) を求める形にしておけばよい．

$$K = \frac{p_{HI}^2}{p_{H_2}p^{\ominus}} = \frac{x_{HI}^2 p^2}{x_{H_2}pp^{\ominus}} = \frac{x_{HI}^2 p}{x_{H_2}p^{\ominus}}$$

圧力が減少しても K が一定であるためには，p に掛かっているモル分率の比が増

加しなければならない．ただし，$x_{HI} + x_{H_2} = 1$ であるから，HIのモル分率による依存性を表すには，$x_{H_2} = 1 - x_{HI}$ を代入すればよい．すなわち，

$$K = \frac{x_{HI}^2 p}{(1 - x_{HI})p^{\ominus}}$$

である．これを変形して x_{HI} に関する2次方程式の形で表せば，

$$p x_{HI}^2 + Kp^{\ominus} x_{HI} - Kp^{\ominus} = 0$$

となる．これを解けば，

$$x_{HI} = \frac{Kp^{\ominus}}{2p}\left\{-1 \pm \left(1 + \frac{4p}{Kp^{\ominus}}\right)^{1/2}\right\}$$

である．モル分率は正であるから，このうち求める解は，

$$x_{HI} = \frac{Kp^{\ominus}}{2p}\left\{-1 + \left(1 + \frac{4p}{Kp^{\ominus}}\right)^{1/2}\right\}$$

である．ここで，圧力が低く $4p/Kp^{\ominus} \ll 1$ であれば，つぎのように展開できる．

$$\left(1 + \frac{4p}{Kp^{\ominus}}\right)^{1/2} = 1 + \frac{2p}{Kp^{\ominus}} - \frac{2p^2}{(Kp^{\ominus})^2} + \cdots$$

そこで，

$$x_{HI} = \left(\frac{Kp^{\ominus}}{2p}\right)\left\{-1 + 1 + \frac{2p}{Kp^{\ominus}} - \frac{2p^2}{(Kp^{\ominus})^2} + \cdots\right\} = 1 - \frac{p}{Kp^{\ominus}} + \cdots$$

とすれば，$p \to 0$ で $x_{HI} \to 1$ であるから，この平衡はHIの側に片寄ることがわかる．

上の例では $H_2(g) + I_2(s) \rightleftharpoons 2HI(g)$ の場合を考えたが，$H_2(g) + I_2(g) \rightleftharpoons 2\,HI(g)$ であれば同じような圧縮効果はない．

4・3　デバイ-ヒュッケルの極限則　★★★

概要　イオン性の溶液についてのデバイ-ヒュッケルの理論によれば，イオン強度が低い極限（$I \to 0$）での平均活量係数（$\gamma_{\pm}$）は次式で与えられる．

基本式 No.23

$$\log_{10}\gamma_{\pm} = -A|z_+z_-|I^{1/2}$$

A は定数（25 °C の水溶液では $A = 0.509$ である．左辺は常用対数で表されているから注意），z_+ は注目するカチオンの電荷数，z_- はそのアニオンの電荷数である．また，溶液のイオン強度は，

$$I = \frac{1}{2}\sum_i z_i^2\left(\frac{b_i}{b^{\ominus}}\right)$$

であり，ここでは無次元になるように定義してある．$b^{\ominus} = 1\,\mathrm{mol\,kg^{-1}}$ である．z_i は i 番目のイオンの電荷数（カチオンは正，アニオンは負）であり，b_i は i 番目のイオンの質量モル濃度である．ここで重要なことは，イオン強度の計算には溶液中にあるすべてのイオンについて和をとることである．

上の極限則で表せないほど溶液のイオン強度が高くなれば，つぎの経験式を用いた拡張法則によって平均活量係数を概算することができる．

$$\log_{10}\gamma_{\pm} = -\frac{A|z_+z_-|I^{1/2}}{1+BI^{1/2}} + CI$$

B と C は定数である．これをデービスの式という．

解説　非電解質溶液については，理想的な振舞いからのずれを満足に説明する統一的なモデルはない．それは，溶媒と溶質に固有な互いの相互作用（ファンデルワールス力など比較的短距離に働く相互作用）に由来するからである．一方，電解質溶液では長距離に働く静電クーロン相互作用が中心になるから，非常に希薄な溶液でもイオン間の相互作用は無視できないため，その扱いは少し複雑になるものの，溶質の個性とは無関係なモデルがつくれる．すなわち，イオンの電荷とイオン間の距離や空間分布に注目すればよい．それがデバイ-ヒュッケルの理論によるモデルである．ここではその考え方の概略を示そう．

電解質溶液を扱ううえで，いくつか準備が必要である．まず，無次元の実効濃度である活量（a_{J}）をモル濃度（c_{J}）と活量係数（γ_{J}）を掛けた形で表しておき，活量係数を用いて理想的な振舞いからのずれを表すことにする．

$$a_\mathrm{J} = \gamma_\mathrm{J} c_\mathrm{J}/c^\ominus$$

$c^\ominus = 1\ \mathrm{mol\ dm^{-3}}$ である．濃度が 0 に近づくほど溶液は理想的に振舞うから，$c_\mathrm{J} \to 0$ で $\gamma_\mathrm{J} \to 1$ である．ここで，化学種 J の活量がわかれば，その化学ポテンシャルは $\mu_\mathrm{J} = \mu_\mathrm{J}^\ominus + RT \ln a_\mathrm{J}$ から計算できる（p.38 を見よ）．また，イオンが関与する反応の平衡定数は，濃度の代わりに活量を使えば理想溶液と同じ形で表すことができる．

大きな問題は，溶液中ではカチオンとアニオンが常に同居していることであり，どちらか一方の活量係数を実験で求めることができない．そこで，平均活量係数に注目する必要がある．一般に，$\mathrm{M}_p\mathrm{X}_q$ 型の塩の平均活量係数は，それぞれのイオンの活量係数とつぎの関係にある．

$$\gamma_\pm = (\gamma_+^p \gamma_-^q)^{1/s} \qquad s = p + q$$

たとえば，NaCl など MX 型の塩の平均活量係数は，それぞれのイオンの活量係数によってつぎのように表される．

$$\gamma_\pm = (\gamma_+ \gamma_-)^{1/2}$$

これで平均活量係数を導入できたから，溶液中で完全に解離する MX 型塩のイオンのモルギブズエネルギー（G_m）を求めておこう．カチオンとアニオンの化学ポテンシャルをそれぞれ μ_+，μ_- とすれば，$G_\mathrm{m} = \mu_+ + \mu_-$ である．そこで，それぞれの化学ポテンシャルの式を書けばよい．そのために，$\mu = \mu^\ominus + RT \ln a$ と $a = \gamma c/c^\ominus$ を使って，モル濃度と活量係数で表した式にしておく．

$$\begin{aligned} G_\mathrm{m} &= (\mu_+^\ominus + RT \ln a_+) + (\mu_-^\ominus + RT \ln a_-) \\ &= \{\mu_+^\ominus + RT \ln(\gamma_+ c_+/c^\ominus)\} + \{\mu_-^\ominus + RT \ln(\gamma_- c_-/c^\ominus)\} \\ &= \{\mu_+^\ominus + RT \ln \gamma_+ + RT \ln(c_+/c^\ominus)\} + \{\mu_-^\ominus + RT \ln \gamma_- + RT \ln(c_-/c^\ominus)\} \end{aligned}$$

ここで，活量係数を含む項をまとめれば，

$$G_\mathrm{m} = \{\mu_+^\ominus + RT \ln(c_+/c^\ominus)\} + \{\mu_-^\ominus + RT \ln(c_-/c^\ominus)\} + RT \ln(\gamma_+ \gamma_-)$$

となる．これに $\gamma_\pm = (\gamma_+ \gamma_-)^{1/2}$ を導入すれば，

$$\begin{aligned} G_\mathrm{m} &= \{\mu_+^\ominus + RT \ln(c_+/c^\ominus)\} + \{\mu_-^\ominus + RT \ln(c_-/c^\ominus)\} + 2RT \ln \gamma_\pm \\ &= \{\mu_+^\ominus + RT \ln(\gamma_\pm c_+/c^\ominus)\} + \{\mu_-^\ominus + RT \ln(\gamma_\pm c_-/c^\ominus)\} \end{aligned}$$

が得られる．これによって，理想的な振舞いからのずれをカチオンとアニオンで等しく分担させたことになる．これを一般の場合に拡張すれば次式が得られる．

$$G_\mathrm{m} = p\{\mu_+^\ominus + RT \ln(\gamma_\pm c_+/c^\ominus)\} + q\{\mu_-^\ominus + RT \ln(\gamma_\pm c_-/c^\ominus)\}$$

すなわち，理想溶液からのモルギブズエネルギーの差は $sRT\ln\gamma_{\pm}$ に等しいことがわかる．ここで，$\gamma_{\pm}<1$ であることは重要である．それは，電荷をもつ溶質の化学ポテンシャルは，電荷をもたない溶質の場合よりも低くなるからである．つまり，任意のイオンを中心に考えたとき，それを取囲むイオンの間で働く正味の静電相互作用を求めれば，それは必ず引力的になっているのである．このことは“イオン雰囲気”が生じることで説明される．ただし，イオン雰囲気をつくるためのエネルギーは熱エネルギー（kT）に比べて小さいから，それは熱運動によって乱されることになる．結果として，この両者の競合で電荷分布が決まっているのである．あとは，イオンの空間分布を求めたうえで，それに電荷を与えるための仕事（それが $sRT\ln\gamma_{\pm}$ に相当）を計算すれば $\ln\gamma_{\pm}$ が求められる．

そこで，溶液中の静電ポテンシャルの具体的な形が必要になる．まず，孤立イオン（電荷 $z_i e$）から距離 r の位置でのクーロンポテンシャルは，

$$\phi = \frac{z_i e}{4\pi\varepsilon r} \qquad \text{（非遮蔽クーロンポテンシャル）}$$

で表される．ε は媒質の誘電率である．しかし，溶液中のイオンは，イオン雰囲気のために遮蔽されたクーロンポテンシャルを受けることになる．それを，

$$\phi = \frac{z_i e}{4\pi\varepsilon r}\,\mathrm{e}^{-r/r_{\mathrm{D}}} \qquad \text{（遮蔽クーロンポテンシャル）}$$

で表す．イオン雰囲気の厚さはデバイ長（r_{D}，遮蔽長ともいう）で測り，

$$r_{\mathrm{D}} = \left(\frac{\varepsilon RT}{2\rho F^2 I b^{\ominus}}\right)^{1/2}$$

で与えられる．ρ は溶媒の質量密度，F はファラデー定数である．そこで，中心イオンのまわりに存在しているイオンの空間分布に電荷を与えて，z_+ と z_- のイオンにするのに必要な電気的な仕事を計算すればよい．それには数学手法がいくつか必要であるが，結果はすべて定数 A の内容に反映されて，つぎのように表される．

$$A = \frac{F^3}{4\pi N_{\mathrm{A}}\ln 10}\left(\frac{\rho b^{\ominus}}{2\varepsilon^3 R^3 T^3}\right)^{1/2}$$

▶関連事項◀　国際単位系（SI）の基本単位について2019年に行われた改定により，基礎物理定数の一つである電気素量（e）が厳密に定義された．また，アボガドロ定数（N_{A}）も厳密に定義されたため，いまではファラデー定数（$F=eN_{\mathrm{A}}$）の値は，

$$F = 9.648\,533\,212\cdots \times 10^4\ \mathrm{C\,mol^{-1}}$$

である（CODATA 2018の推奨値）．

4・4　コールラウシュの法則　★★

▶概要◀ 強電解質のモル伝導率 (Λ_m) は溶質のモル濃度 (c) によって変化し，濃度の低い領域ではつぎの経験式に従う．

基本式
No.24

$$\Lambda_m = \Lambda_m^{\circ} - \mathcal{K}\left(\frac{c}{c^{\ominus}}\right)^{1/2}$$

Λ_m° は極限モル伝導率であり，濃度 0 の極限（無限希釈）でのモル伝導率である．$\mathcal{K}$ は定数，$c^{\ominus} = 1\ \mathrm{mol\ dm^{-3}}$ である．コールラウシュは，これを構成イオンの寄与に分けて，Λ_m° がつぎのように表せることも示した．

$$\Lambda_m^{\circ} = \nu_+\lambda_+ + \nu_-\lambda_-$$

λ_+ と λ_- は，解離によって生じるカチオンとアニオンの極限モル伝導率である．ν_+ と ν_- は，それぞれの量論係数である．ここで両者の和で表されるのは，同じ電場に対してカチオンとアニオンが逆向きに動いて電気伝導に寄与するからである．これをイオンの独立移動の法則というが，これを含めてコールラウシュの法則ということもある．

▶解説◀ 溶液中のイオンは動きやすいから，ポテンシャルの勾配を下るイオンの動きを調べれば，そのイオンの大きさや溶媒和の効果，運動の種類などがわかる．そのために，溶液の電気抵抗を測定することで伝導率 κ を求める．ただし，このとき溶液を電気分解してしまわないように交流電源を用いる．こうして測定した溶液の伝導率と濃度から，モル伝導率はつぎのように求められる．

$$\Lambda_m = \frac{\kappa}{c}$$

モル伝導率の濃度依存性から，電解質を強電解質と弱電解質に分類できる．前者では濃度依存性が小さく，溶液中で溶質がほぼ完全に解離しているとみなせる．一方，後者では，無限希釈であれば強電解質と似た挙動を示すものの，濃度の増加とともにモル伝導率は急激に減少する．これは溶質が完全には解離しておらず，溶液中で解離平衡が成り立っているためである．

強電解質についてのコールラウシュの法則の濃度依存の項は，デバイ-ヒュッケルの理論で問題にした平均活量係数の効果 ($\log_{10}\gamma_\pm \propto I^{1/2}$) と形が似ている (p.50 を見よ)．すなわち，この法則はイオンの移動度に与えるイオン雰囲気の効果を反映しており，実際，デバイ-ヒュッケルの理論に基づいてオンサーガーが理論的な裏付けを与えている．

▶関連事項◀ 溶液中のイオンが電気を伝える能力は，イオンの動きやすさに依存している．そこで，媒質の性質を含め，溶液中でのイオンの運動に関わるいろいろな法則や関係式が見いだされている．まず，イオン（電荷数 z）を電場 $\mathcal{E}$ の中におけば，そのイオンは $|z|e\mathcal{E}$ の力を受けて加速される．一方，イオンが溶液中を速く動けば，媒質の粘性のために逆向きの力もそれだけ大きくなる．結果として，イオンの速さはドリフト速さ s というある極限の値に落ち着く．このドリフト速さは外部電場の強さに比例している．

$$s = u\mathcal{E}$$

この比例係数 u をイオンの移動度という．いま，半径 a の球形粒子が速さ s で媒質中を移動するとき，媒質の粘性（粘性率 η）によって受ける逆向きの力の大きさ（$F_{粘性}$）は，つぎのストークスの法則で与えられる．

$$F_{粘性} = 6\pi\eta as$$

この粒子の速さが最終的にドリフト速さに落ち着いたときには，

$$|z|e\mathcal{E} = 6\pi\eta as$$

が成り立つから，

$$s = \frac{|z|e\mathcal{E}}{6\pi\eta a}$$

である．したがって，このときのイオンの移動度は，

$$u = \frac{|z|e}{6\pi\eta a}$$

で与えられる．

イオンの移動度（$u_\pm$）とモル伝導率（$\lambda_\pm$）の間にはつぎの関係がある．

$$\lambda_\pm = |z|u_\pm F$$

F はファラデー定数である．そこで，

$$\Lambda_m^\circ = (z_+u_+\nu_+ + z_-u_-\nu_-)F$$

で表される．イオンの移動度は溶媒の性質とも密接に関係しており，つぎの二つの関係式が重要になる．まず，アインシュタインの関係式は，イオンの移動度を溶液中のイオンの拡散係数（D）を用いて表すもので，

$$u = \frac{|z|FD}{RT}$$

で与えられる．これを利用すれば，イオンの移動度から拡散係数を求めることができる．一方，ネルンスト-アインシュタインの式では，イオンのモル伝導率が拡散係数を用いてつぎのように表される．

$$\lambda = \frac{z^2 DF^2}{RT}$$

すなわち，イオンの拡散係数とモル伝導率は比例関係にある．

弱電解質では，無限希釈の場合を除いて溶質は完全には解離していないから，モル伝導率の濃度依存性は強電解質の場合と大きく異なる．このとき，溶液中での解離度(α)が問題となり，それは溶質の初濃度(c)によって変化するからである．酢酸などの弱酸の場合を考えれば，その酸定数K_aは解離度によって次式で表される．

$$K_\mathrm{a} = \frac{\alpha^2}{(1-\alpha)}\left(\frac{c}{c^\ominus}\right)$$

一方，ある濃度の弱電解質のモル伝導率は，無限希釈モル伝導率とつぎの関係にあり，伝導率の測定によって解離度が求められる．

$$\Lambda_\mathrm{m} = \alpha \Lambda_\mathrm{m}^\circ$$

ここで，オストワルドの希釈法則によれば，弱電解質のモル伝導率は次式で表される．

$$\frac{1}{\Lambda_\mathrm{m}} = \frac{1}{\Lambda_\mathrm{m}^\circ} + \frac{\Lambda_\mathrm{m}}{K_\mathrm{a}(\Lambda_\mathrm{m}^\circ)^2}\left(\frac{c}{c^\ominus}\right)$$

したがって，$c\Lambda_\mathrm{m}$に対して$(1/\Lambda_\mathrm{m})$をプロットすれば，そのy切片から$(1/\Lambda_\mathrm{m}^\circ)$が求められる．すなわち，これから無限希釈モル伝導率や解離度が求められるのである．

4・5　ネルンストの式　★★

概要　電池電位（E_{cell}）は，標準電池電位（$E_{\text{cell}}^{\ominus}$）と電池反応の反応比（$Q$）によって次式で表される．

基本式
No.25

$$E_{\text{cell}} = E_{\text{cell}}^{\ominus} - \frac{RT}{\nu F} \ln Q$$

ν は，電池反応を二つの還元半反応に分けたときに関与する電子の量論係数である．全体の電池反応が $a\mathrm{A} + b\mathrm{B} \longrightarrow c\mathrm{C} + d\mathrm{D}$ で表されるときの Q は，つぎのように定義される．

$$Q = \frac{a_{\mathrm{C}}^{c}\, a_{\mathrm{D}}^{d}}{a_{\mathrm{A}}^{a}\, a_{\mathrm{B}}^{b}}$$

a_{J} は化学種 J の活量である．ここで，反応比の常用対数で表したときの 25 ℃での電池電位の具体的な値は，

$$E_{\text{cell}} = E_{\text{cell}}^{\ominus} - \frac{59.159\ \text{mV}}{\nu} \log_{10} Q$$

である．一方，電池反応が平衡に達したときの電池電位は 0 であり，そのときの反応比は電池反応の平衡定数（K）に等しい．したがって，ネルンストの式から平衡定数を求めるつぎの式が導ける．

$$\ln K = \frac{\nu F E_{\text{cell}}^{\ominus}}{RT}$$

解説　電池電位（無電流電池電位ともいう）と電池内で起こる反応の反応ギブズエネルギー（$\Delta_{\mathrm{r}}G$）との関係は，

$$-\nu F E_{\text{cell}} = \Delta_{\mathrm{r}}G$$

で表される．これは，電池によって行われる電気的な仕事（w_{nonexp}）が，電荷（νF）と電位差（E_{cell}）の積に等しいことから導ける．ただし，温度および圧力が一定で，この仕事が可逆的に（つまり無電流で）行われなければならない．そのときの仕事の大きさが，電池反応の反応ギブズエネルギー（負である）に等しいのである．ここで，標準条件で電池電位を測定すれば，

$$-\nu F E_{\text{cell}}^{\ominus} = \Delta_{\mathrm{r}}G^{\ominus}$$

である．$E_{\text{cell}}^{\ominus}$ の測定にはデバイ-ヒュッケルの極限則（p.50 を見よ）を利用して，無限希釈での値に補外して求める．このことから，電位測定によってイオンの平均活量係数を求める方法にも道が拓けていることがわかるだろう．

　任意の電極を組合わせてつくった電池の標準電位を求めるには，それぞれの

半電池の標準電位を用いて，その差からつぎのように計算すればよい．

$$E_{\text{cell}}^{\ominus} = E_{\text{R}}^{\ominus} - E_{\text{L}}^{\ominus}$$

$E_{\text{R}}^{\ominus}$ は右側電極（電池の表示で右側にある）の標準電位，$E_{\text{L}}^{\ominus}$ は左側電極の標準電位である．いろいろな電極の標準電位の値（ふつうは 25 °C での値）は熱力学データとして，その還元半反応とともに表になっている．基準に用いられる標準水素電極では $E^{\ominus} = 0$ である．

電池反応に水素イオンが含まれていれば，その電池電位は pH によって変わる．その依存性はネルンストの式から求められる．つぎの半反応を考えよう．

$$\text{A(aq)} + \nu_{\text{p}}\text{H}^{+}\text{(aq)} + \nu\,\text{e}^{-} \longrightarrow \text{B(aq)}$$

ルシャトリエの原理によれば，pH が大きくなれば平衡は左側に片寄るはずである．そこで，簡単のために水素イオン以外の化学種がすべて標準状態にあるとすれば，ネルンストの式は，

$$E = E^{\ominus} - \frac{RT}{\nu F}\ln\left(\frac{1}{a_{\text{H}^{+}}{}^{\nu_{\text{p}}}}\right) = E^{\ominus} + \frac{RT}{\nu F}\ln a_{\text{H}^{+}}{}^{\nu_{\text{p}}} = E^{\ominus} + \frac{\nu_{\text{p}}RT}{\nu F}\ln a_{\text{H}^{+}}$$

と書ける．このときの電子は反応比 Q に現れない．ここで，pH の定義により，

$$\ln a_{\text{H}^{+}} = (\ln 10) \times \log_{10} a_{\text{H}^{+}} = -\ln 10 \times \text{pH}$$

であるから，上の半反応の電位の pH 依存性は，

$$E = E^{\ominus} - \frac{\nu_{\text{p}}RT\ln 10}{\nu F} \times \text{pH}$$

で表される．pH が大きくなれば電池電位は低下するのである．

同じやり方を使えば，標準電位（熱力学的標準電位ともいう）を生物学的標準電位（$E^{\oplus}$），つまり中性溶液中（pH＝7）での標準電位に変換することができる．すなわち，

$$E^{\oplus} = E^{\ominus} - \frac{7\nu_{\text{p}}RT\ln 10}{\nu F}$$

である．具体的には，還元半反応の反応物側に水素イオンが入っていれば（ν_{p} は正），生物学的標準電位は熱力学的標準電位より $7 \times 59.2\ \text{mV} = 414\ \text{mV}$ だけ低い．逆に，水素イオンが生成物側にあれば（ν_{p} は負），生物学的標準電位は熱力学的標準電位よりも高い．とくに生体系を扱う場合は，どちらの標準電位で議論されているかを知っておく必要がある．

電極半反応を組合わせるとき，標準電池電位と標準反応ギブズエネルギーの変換には注意が必要である．それは，電池電位は示強性の性質であるが，反応ギブズエネルギーは示量性の性質であり，両者の間に量論係数 ν が介在しているからである．したがって，2 組のレドックス対について ν の値が違っている場合は，

両者の標準反応ギブズエネルギーの和はとれるが，標準電池電位については和をとれない．そこで，半反応の $E^{\ominus}$ をいったん標準反応ギブズエネルギーに変換してから和をとり，その結果を再び $E^{\ominus}$ に変換することによって全反応の電池電位を求めることである．

実際の測定や標準電位の表から $E_{\text{cell}}{}^{\ominus}$ が得られ，それから $\Delta_r G^{\ominus}$ を求めれば，$\Delta_r S^{\ominus}$ や $\Delta_r H^{\ominus}$ を求めることもできる．そのためには $E_{\text{cell}}{}^{\ominus}$ の温度依存性が必要となる．すなわち，$\mathrm{d}G = -S\,\mathrm{d}T$ を $\mathrm{d}\Delta_r G^{\ominus} = -\Delta_r S^{\ominus}\mathrm{d}T$ の形にしておき，$\nu F\,\mathrm{d}E_{\text{cell}}{}^{\ominus} = \Delta_r S^{\ominus}\,\mathrm{d}T$ とする．そうすれば，

$$\Delta_r S^{\ominus} = \nu F \frac{\mathrm{d}E_{\text{cell}}{}^{\ominus}}{\mathrm{d}T}$$

であるから，標準電池電位を温度に対してプロットしたグラフの勾配から標準反応エントロピーが得られる．さらに，$\Delta_r H^{\ominus} = \Delta_r G^{\ominus} + T\Delta_r S^{\ominus}$ であるから次式が得られる．

$$\Delta_r H^{\ominus} = -\nu F\left(E_{\text{cell}}{}^{\ominus} - T\frac{\mathrm{d}E_{\text{cell}}{}^{\ominus}}{\mathrm{d}T}\right)$$

これを用いれば，熱量測定によることなく標準反応エンタルピーを求めることができる．電気測定と熱量測定を結びつけたのは熱力学の威力の一つといえる．

5. 反応速度論

5・1　速　度　式　★★★

▶概要◀ 反応速度 (v) は，反応の化学方程式に現れる化学種 J の量論数 (ν_J) と濃度（ふつうはモル濃度 [J]）の変化速度によって次式で定義される．

基本式
No.26

$$v = \frac{1}{\nu_J}\frac{d[J]}{dt}$$

ただし，ν_J は量論係数の符号を生成物で正，反応物では負としたものである．この定義に従えば，どの化学種に注目しても反応に固有の唯一の速度式で表せる．速度式は，化学種の濃度と反応速度の関係について，実験で調べた結果をまとめた微分方程式である．多く見られるのはつぎの 1 次反応と 2 次反応である．

$$v = -\frac{d[A]}{dt} = k_r[A] \quad \text{(1 次反応)}$$

$$v = -\frac{d[A]}{dt} = k_r[A]^2 \quad \text{(2 次反応)}$$

k_r は速度定数，[A] は反応物 A のモル濃度である．

▶解説◀ 上の 1 次反応と 2 次反応における反応物 A の半減期 ($t_{1/2}$) は，それぞれつぎのように表される．

$$t_{1/2} = \frac{\ln 2}{k_r} \quad \text{(1 次反応)} \qquad t_{1/2} = \frac{1}{k_r[A]_0} \quad \text{(2 次反応)}$$

$[A]_0$ は反応物 A の初濃度である．2 次反応には 2 種の化学種が関与するものもあり，その場合の反応速度は次式で表される．

$$v = k_r[A][B] \quad \text{(もう一つの 2 次反応)}$$

一方，化学種の濃度によらず反応速度が一定の 0 次反応もある．

$$v = k_r \quad \text{(0 次反応)}$$

また，生成物の濃度が反応速度に関与する反応があったり，反応次数が整数で表せない反応があったり，そもそも反応次数が定義できない反応もある．

速度式を積分して，反応物の濃度を時間の関数で表しておくと実用的で便利である．速度式が解析的に積分できる場合は，つぎのような積分形速度式が得られている．

0次反応の積分形速度式：　$[\mathrm{A}]_t = [\mathrm{A}]_0 - k_\mathrm{r} t$

1次反応の積分形速度式：　$\ln\left(\dfrac{[\mathrm{A}]_t}{[\mathrm{A}]_0}\right) = -k_\mathrm{r} t$　あるいは　$[\mathrm{A}]_t = [\mathrm{A}]_0\,\mathrm{e}^{-k_\mathrm{r} t}$

2次反応の積分形速度式：$\dfrac{1}{[\mathrm{A}]_0} - \dfrac{1}{[\mathrm{A}]_t} = -k_\mathrm{r} t$ あるいは $[\mathrm{A}]_t = \dfrac{[\mathrm{A}]_0}{1 + k_\mathrm{r} t [\mathrm{A}]_0}$

2種の化学種AとBが関与するもう一つの2次反応の場合は，

$$[\mathrm{A}]_t = \frac{([\mathrm{A}]_0 - [\mathrm{B}]_0)\,[\mathrm{A}]_0}{[\mathrm{A}]_0 - [\mathrm{B}]_0\,\mathrm{e}^{-([\mathrm{A}]_0 - [\mathrm{B}]_0) k_\mathrm{r} t}}$$

$$[\mathrm{B}]_t = \frac{([\mathrm{B}]_0 - [\mathrm{A}]_0)\,[\mathrm{B}]_0}{[\mathrm{B}]_0 - [\mathrm{A}]_0\,\mathrm{e}^{-([\mathrm{B}]_0 - [\mathrm{A}]_0) k_\mathrm{r} t}}$$

である．ただし，AとBの初濃度が等しい $[\mathrm{A}]_0 = [\mathrm{B}]_0$ の場合は，上と同じ結果が得られる．すなわち，

$$[\mathrm{A}]_t = [\mathrm{B}]_t = \frac{[\mathrm{A}]_0}{1 + k_\mathrm{r} t\,[\mathrm{A}]_0}$$

である．複雑で解析的に積分できない反応などでは，数値積分による方法がある．

▶関連事項◀　一つの応用として，反応物Aが中間体Iを経て生成物Pに至る逐次1次反応 A→I→P を考えよう．このとき，

$$\text{Aの消費速度} = \text{Iの生成速度} = k_\mathrm{a}\,[\mathrm{A}]$$

$$\text{Iの消費速度} = \text{Pの生成速度} = k_\mathrm{b}\,[\mathrm{I}]$$

とおく．ただし，それぞれの逆反応は非常に遅いとして無視する．最初の速度式から，

$$[\mathrm{A}] = [\mathrm{A}]_0\,\mathrm{e}^{-k_\mathrm{a} t}$$

が得られる．一方，Iの正味の生成速度は，

$$\text{Iの正味の生成速度} = \frac{\mathrm{d}[\mathrm{I}]}{\mathrm{d}t} = k_\mathrm{a}\,[\mathrm{A}] - k_\mathrm{b}\,[\mathrm{I}]$$

で表される．これに [A] の式を代入して，この微分方程式を解けば，

$$[\mathrm{I}] = \frac{k_\mathrm{a}}{k_\mathrm{b} - k_\mathrm{a}}\,(\mathrm{e}^{-k_\mathrm{a} t} - \mathrm{e}^{-k_\mathrm{b} t})\,[\mathrm{A}]_0$$

となる．ここで，反応のどの段階でも $[\mathrm{A}] + [\mathrm{I}] + [\mathrm{P}] = [\mathrm{A}]_0$ が成り立つから，$[\mathrm{P}] = [\mathrm{A}]_0 - [\mathrm{A}] - [\mathrm{I}]$ である．そこで，[A] と [I] の式を代入して [P]

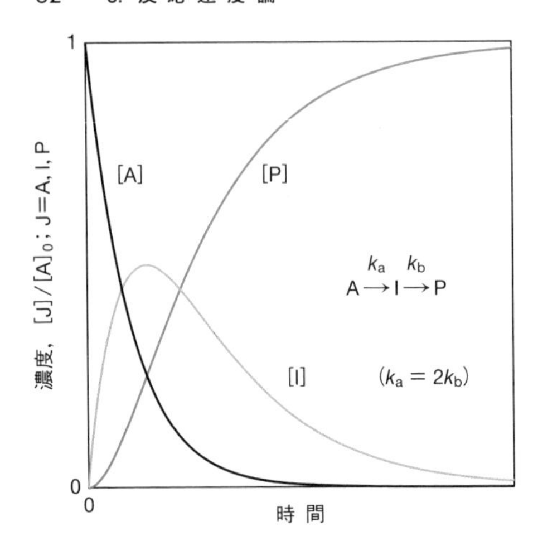

図 5·1　A→I→Pの逐次1次反応に関与する化学種の濃度の時間変化．ここでは，$k_a = 2k_b$ としてある．どの時刻でも三つの濃度の和は $[A]_0$ である．

を求めれば，

$$[P] = \left(1 + \frac{k_a e^{-k_b t} - k_b e^{-k_a t}}{k_b - k_a}\right)[A]_0$$

となる．これらの解の一例を図 5·1 に示す．中間体の濃度ははじめ増加するものの，A が消費されるにつれ減少に転じる．一方，P の濃度は単調に最終値まで増加する．中間体の濃度が極大を示す時刻は，[I] の式の t に関する導関数を 0 とおいてつぎのように求められる．

$$t_{max} = \frac{1}{k_a - k_b} \ln\left(\frac{k_a}{k_b}\right)$$

5・2　速度定数と平衡定数の関係　★★

概要　正方向だけでなく逆方向の反応も無視できない反応（可逆反応ということがある）では速度式は複雑になる．一方，このとき速度定数と平衡定数（K）にはある関係が成り立つ．たとえば，双方向に１次のつぎの反応では，

$$\text{正反応：}\ \mathrm{A} \longrightarrow \mathrm{B} \qquad \mathrm{B}\text{の生成速度} = k_\mathrm{r}[\mathrm{A}]$$

$$\text{逆反応：}\ \mathrm{B} \longrightarrow \mathrm{A} \qquad \mathrm{B}\text{の分解速度} = k_\mathrm{r}'[\mathrm{B}]$$

つぎの関係が成り立つ．

基本式
No.27

$$K = \frac{k_\mathrm{r}}{k_\mathrm{r}'}$$

解説　上の反応では，Bの正味の生成速度は，Bの生成速度と分解速度の差で表される．すなわち，

$$\mathrm{B}\text{の正味の生成速度} = k_\mathrm{r}[\mathrm{A}] - k_\mathrm{r}'[\mathrm{B}]$$

である．反応が平衡に達した後のAとBの濃度は，それぞれ $[\mathrm{A}]_{平衡}$ および $[\mathrm{B}]_{平衡}$ であり，このときAもBも正味の量はもはや変わらない．すなわち，

$$k_\mathrm{r}[\mathrm{A}]_{平衡} = k_\mathrm{r}'[\mathrm{B}]_{平衡}$$

である．したがって，活量をモル濃度で近似できるとすれば，この反応の平衡定数と速度定数の間にはつぎの関係が成り立つ．

$$K = \frac{[\mathrm{B}]_{平衡}}{[\mathrm{A}]_{平衡}} = \frac{k_\mathrm{r}}{k_\mathrm{r}'}$$

べつの反応 $\mathrm{A} + \mathrm{B} \longrightarrow \mathrm{C}$ について正方向が２次，逆方向が１次なら，平衡の条件は，

$$k_\mathrm{r}[\mathrm{A}]_{平衡}[\mathrm{B}]_{平衡} = k_\mathrm{r}'[\mathrm{C}]_{平衡}$$

であるから，

$$K = \frac{[\mathrm{C}]_{平衡}/c^\ominus}{([\mathrm{A}]_{平衡}/c^\ominus)([\mathrm{B}]_{平衡}/c^\ominus)} = \frac{k_\mathrm{r}}{k_\mathrm{r}'} \times c^\ominus$$

となる．$c^\ominus = 1\ \mathrm{mol\ dm^{-3}}$ である．平衡定数は無次元であるから注意しよう．

関連事項　反応途中の濃度を知るには積分形速度式を求める必要がある．

最初の反応 $A \rightleftharpoons B$ の出発点はつぎの微分方程式である.

$$\frac{d[A]}{dt} = -k_r[A] + k_r'[B]$$

$[B]_0 = 0$ とすれば $[B] = [A]_0 - [A]$ であるから, これを代入して整理すれば,

$$\frac{d[A]}{dt} = -[A](k_r + k_r') + k_r'[A]_0$$

となる. これをつぎのように積分すればよい.

$$\int_{[A]_0}^{[A]} \frac{d[A]}{[A](k_r + k_r') - k_r'[A]_0} = -\int_0^t dt$$

ここで, 左辺の計算につぎの積分公式を使う.

$$\int \frac{dx}{(a + bx)} = \frac{1}{b}\ln(a + bx) + C$$

少し計算すれば,

$$[A] = [A]_0 \frac{k_r' + k_r e^{-(k_r + k_r')t}}{k_r + k_r'}$$

が得られる. 時間が無限大のときの平衡濃度を求めれば,

$$[A]_{平衡} = \lim_{t \to \infty}[A] = \left(\frac{k_r'}{k_r + k_r'}\right)[A]_0$$

$$[B]_{平衡} = \lim_{t \to \infty}[B] = \left(\frac{k_r}{k_r + k_r'}\right)[A]_0$$

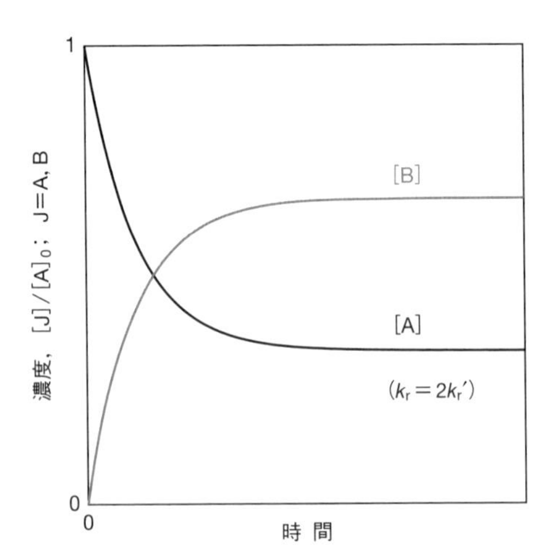

図 5･2　双方向に 1 次の反応が平衡に近づく様子. ここでは, 正反応の速度定数 (k_r) と逆反応の速度定数 (k_r') の関係を $k_r = 2k_r'$ としてある. $K = 2$ である.

が得られる．図5·2には，この反応が平衡に近づく様子を示してある．[A] は見かけの速度定数（$k_{\mathrm{r}} + k_{\mathrm{r}}'$）で指数関数的に減衰し，[B] は同じ速度定数で指数関数的に現れるのである．

べつの例として，逐次反応に平衡が関与するつぎの場合を考えよう．

前駆平衡：　$\mathrm{A} + \mathrm{B} \rightleftharpoons \mathrm{I}$　　$K = \dfrac{[\mathrm{I}]\,c^{\ominus}}{[\mathrm{A}]\,[\mathrm{B}]}$

Iの遅い消費：　$\mathrm{I} \longrightarrow \mathrm{P}$　　$v = k_{\mathrm{b}}[\mathrm{I}]$

中間体Iの生成も分解も迅速に起こるから，Iは反応物AおよびBと常に平衡にあるとする．一方，生成物PはIからゆっくり生成するから，Pの生成がIの濃度に余分の影響を与えることはない．$[\mathrm{I}] = K[\mathrm{A}][\mathrm{B}]/c^{\ominus}$ であるから，全反応の速度式は，

$$v = k_{\mathrm{r}}[\mathrm{A}][\mathrm{B}] \qquad \text{ここで，} k_{\mathrm{r}} = \frac{k_{\mathrm{b}}K}{c^{\ominus}}$$

で表される．Kが大きいときは中間体が多量に存在しているから，全反応の速度定数は大きい．酸化窒素の反応の例ではつぎのようになり，3次反応で表される．

前駆平衡：　$\mathrm{NO} + \mathrm{NO} \rightleftharpoons \mathrm{N_2O_2}$　　$K = \dfrac{[\mathrm{N_2O_2}]\,c^{\ominus}}{[\mathrm{NO}]^2}$

$\mathrm{N_2O_2}$の遅い消費：　$\mathrm{N_2O_2} + \mathrm{O_2} \longrightarrow \mathrm{NO_2} + \mathrm{NO_2}$　　$v = k_{\mathrm{b}}[\mathrm{N_2O_2}][\mathrm{O_2}]$

全反応の速度式：　$v = k_{\mathrm{r}}[\mathrm{NO}]^2[\mathrm{O_2}]$　　$k_{\mathrm{r}} = \dfrac{k_{\mathrm{b}}K}{c^{\ominus}}$

5・3　アレニウスの式　★★★

▶概要◀　反応の速度定数の対数 ($\ln k_\mathrm{r}$) を熱力学温度の逆数 ($1/T$) に対してプロットしたグラフ（アレニウスプロットという）は直線を示し，その勾配から反応に固有な活性化エネルギー (E_a) が得られる．すなわち，

基本式 No.28

$$\ln k_\mathrm{r} = \ln A - \frac{E_\mathrm{a}}{RT}$$

が成り立つ．パラメーター A を頻度因子といい（前指数因子ともいう），活性化エネルギーと合わせてアレニウスのパラメーターという．つぎのように書くこともある．

$$k_\mathrm{r} = A \exp\left(-\frac{E_\mathrm{a}}{RT}\right)$$

この指数関数部分をボルツマン因子という（p.136 を見よ）．

▶解説◀　速度定数の温度依存性を説明するアレニウスの式は，実験によって得られた経験式である．比較的狭い温度範囲では，アレニウスのパラメーターを定数として成り立つことが多く，反応速度の予測にも用いられる．頻度因子は，エネルギーに関係なく反応物分子の衝突が起こる頻度の目安を与えている．一方，その運動エネルギーが活性化エネルギーを越える衝突の割合はボルツマン分布で表されるから，速度定数はボルツマン因子に比例すると考えられる．活性化エネルギーが温度依存しても適用できるように，つぎのように定義しておくこともある．

$$E_\mathrm{a} = RT^2\left(\frac{\mathrm{d}\ln k_\mathrm{r}}{\mathrm{d}T}\right)$$

アレニウス型でない挙動が顕著な反応では，量子力学的なトンネル現象が重要な役割を担っている場合がある．

▶関連事項◀　アレニウスは，速度定数と平衡定数のつぎの関係を念頭におき，

$$K = \frac{k_\mathrm{r}}{k_\mathrm{r}'}$$

つぎのファントホッフの式（p.47 を見よ）との類似性に着目したのである．

$$\frac{\mathrm{d}\ln K}{\mathrm{d}T} = \frac{\Delta_\mathrm{r}H^\ominus}{RT^2}$$

5・4　アイリングの式　★★

概要　つぎの2次の素反応（2分子反応）の反応速度を表す式を理論的に導くために，アイリングは活性錯合体（$C^{\ddagger}$）の遷移状態に注目した．

$$\mathrm{A} + \mathrm{B} \rightleftharpoons \mathrm{C}^{\ddagger} \longrightarrow \mathrm{P} \qquad K^{\ddagger} = \frac{[\mathrm{C}^{\ddagger}]\, c^{\ominus}}{[\mathrm{A}]\,[\mathrm{B}]}$$

A+B と $C^{\ddagger}$ は速い平衡（前駆平衡）にあり，$K^{\ddagger}$ はその平衡定数である．$c^{\ominus} = 1\ \mathrm{mol\ dm^{-3}}$ である．また，$C^{\ddagger}$ は不可逆的に反応して P が生成する．このとき，反応全体の速度定数（k_{r}）は，つぎのアイリングの式で表される．

基本式
No.29

$$k_{\mathrm{r}} = \kappa \times \frac{kT}{h} \times \frac{K^{\ddagger}}{c^{\ominus}}$$

κ は透過係数であり，活性錯合体が遷移状態を通り抜ける確率（$\kappa \leq 1$）を表している．k はボルツマン定数，h はプランク定数である．なお，気相反応を念頭におく場合は，$K^{\ddagger}$ の式にある濃度［J］を分圧 $p_{\mathrm{J}} = RT[\mathrm{J}]$ で置き換え，$p^{\ominus} = 1\ \mathrm{bar}$ とする．この平衡定数を理論的に求めるには統計熱力学を用いる必要があり，反応物と活性錯合体のモデルの分配関数（p.142 を見よ）から計算することが可能である．

解説　遷移状態理論（活性錯合体理論ともいう）では，反応物が出会って活性錯合体をつくるが，その寿命が非常に短いために，すぐに崩壊して一部が生成物になると考える．ここで，遷移状態のポテンシャルエネルギーは反応座標を用いて表され，ふつうは反応経路に沿って二次元で描かれるから，その極大位置が遷移状態に相当する．しかし，ポテンシャルエネルギー曲面上の他の方向から見れば極小になる点（鞍点）であることを忘れてはならない．この理論では，遷移状態においては反応座標に沿った方向の運動（特定の基準モード）は活性錯合体の中の原子すべてが関与する振動に似た複雑な集団運動であるとする．また，その振動の力の定数が非常に小さいために（つまり振動数が低い），平均エネルギーを古典近似で kT とすることができ，その平均振動数を kT/h で表せるとする．この振動数（振動周期は活性錯合体の寿命よりも短い）は，活性錯合体の原子が遷移状態特有の配列に近づく速さと解釈できるから，全反応の反応速度は，

$$v = \left(\frac{kT}{h}\right)[\mathrm{C}^{\ddagger}] = \left(\frac{kT}{h}\right)\left(\frac{K^{\ddagger}}{c^{\ominus}}\right)[\mathrm{A}]\,[\mathrm{B}]$$

とすることができる．しかしながら，反応座標に沿った運動すべてが遷移状態を

通って活性錯合体をつくり，生成物Pに至るとは限らないから，透過係数（κ）という因子を掛けておく．ただし，その値が不明なときは1とする．こうして，全反応の速度定数（k_r）が求められる．

このモデルにおける平衡定数（$K^{\ddagger}$）の計算は，単純な場合を除いて非常に困難である．そこで，アイリングの式を熱力学パラメーターで表し，これらの実測値から注目する反応を吟味する方が便利である．すなわち，平衡定数は標準反応ギブズエネルギーで表せるから（$-RT\ln K = \Delta_r G^{\ominus}$，p.45を見よ）同じように考えて，これを活性化ギブズエネルギー（$\Delta^{\ddagger}G$）で置き換える．そうすれば，

$$\Delta^{\ddagger}G = -RT\ln K^{\ddagger} \qquad \text{あるいは} \qquad K^{\ddagger} = \mathrm{e}^{-\Delta^{\ddagger}G/RT}$$

と表せる．ここで，

$$\Delta^{\ddagger}G = \Delta^{\ddagger}H - T\Delta^{\ddagger}S$$

と書く．$\Delta^{\ddagger}H$は活性化エンタルピー，$\Delta^{\ddagger}S$は活性化エントロピーである．$\kappa=1$のときには，

$$k_r = \frac{kT}{hc^{\ominus}}\,\mathrm{e}^{-(\Delta^{\ddagger}H - T\Delta^{\ddagger}S)/RT} = \frac{kT}{hc^{\ominus}}\,\mathrm{e}^{\Delta^{\ddagger}S/R}\,\mathrm{e}^{-\Delta^{\ddagger}H/RT}$$

が得られる．これは，熱力学パラメーターで表したアイリングの式である（アイリング-ポランニーの式ともいう）．この式を変形して，

$$\ln\left(\frac{k_r}{T}\right) = -\frac{\Delta^{\ddagger}H}{RT} + \left\{\frac{\Delta^{\ddagger}S}{R} + \ln\left(\frac{k}{hc^{\ominus}}\right)\right\}$$

とすれば，$1/T$に対する$\ln(k_r/T)$のプロット（アイリングプロットという）の勾配から活性化エンタルピー，切片から活性化エントロピーが得られる．アイリングの式で，活性化エンタルピーを活性化エネルギーと読み替え，活性化エントロピーを含む因子を頻度因子と読み替えれば，この式はアレニウスの式の形をしている（p.66を見よ）．正確には，$\Delta^{\ddagger}H = \Delta^{\ddagger}U - RT$ の関係を考慮に入れて，さらに気相反応では量論関係（$\Delta\nu_{gas} = -1$）から $\Delta^{\ddagger}H = E_a - 2RT$，液相反応（$\Delta\nu_{gas} = 0$）では $\Delta^{\ddagger}H = E_a - RT$ とすべきである．そうすれば，アレニウスの頻度因子（A）は次式で表される．

$$\text{気相2分子反応:} \quad A = \frac{\mathrm{e}^2 kT}{hc^{\ominus}}\,\mathrm{e}^{\Delta^{\ddagger}S/R}$$

$$\text{液相2分子反応:} \quad A = \frac{\mathrm{e}\,kT}{hc^{\ominus}}\,\mathrm{e}^{\Delta^{\ddagger}S/R}$$

5・5　フィックの拡散の第一法則　★

概 要　溶液内の反応で問題となる物質輸送（拡散）について，重要な法則が二つある．このうちフィックの第一法則では，拡散による濃度が時間変化しない場合（定常状態拡散）を扱う．この法則によれば，粒子の流束（J）は濃度勾配に比例する．

基本式
No.30

$$J = -D\frac{\mathrm{d}\mathcal{N}}{\mathrm{d}x}$$

$\mathcal{N}$は注目する点での粒子の数密度，xは数密度が変化している軸方向であり，この式は一次元の式である．比例定数Dを拡散係数という．このときの流束は単位時間，単位面積当たりの粒子数で表される．

解 説　流束の式に負号が付いているのは，拡散係数を正の値で表すためである．すなわち，粒子は濃度勾配を下って移動するからである．拡散係数の大きさは拡散する物質（溶質）や媒質（溶媒）によって変わり，また温度などの条件によっても変わる．粒子の数密度の代わりに濃度（c）で表す場合は，つぎの式で表す．

$$J = -D\frac{\mathrm{d}c}{\mathrm{d}x}$$

関連事項　フィックの法則では物質輸送を扱っているが，これを一般化すれば，いろいろな輸送物性を現象論的方程式（実験結果をまとめた式）で表すことができる．たとえば，温度勾配によるエネルギー流束の式を書けば熱伝導性を表せる．

$$J(\text{エネルギー}) = -\kappa\frac{\mathrm{d}T}{\mathrm{d}x}$$

κは熱伝導率である．また，ニュートン流動であれば，流れの直線運動量の流束の式で粘性を表すことができる．

$$J(\text{運動量の}\ x\ \text{成分}) = -\eta\frac{\mathrm{d}v_x}{\mathrm{d}z}$$

ηは粘性率である．Dやκ，ηなどの比例定数を総称して輸送係数という．電解質で問題となるイオン伝導は電荷輸送によるもので，このときの輸送係数は電気伝導率である（ふつうκで表される）．

5・6　フィックの拡散の第二法則　★★

▶概要◀　フィックの第二法則では，拡散によって濃度が時間変化する場合（非定常状態拡散）を扱う．すなわち，空間内の微小体積の部分で数密度（$\mathcal{N}$）あるいは濃度（c）がどう変化するかを表すもので，一次元の場合はつぎの式で表せる．これを拡散方程式ということが多い．

基本式
No.31

$$\left(\frac{\partial \mathcal{N}}{\partial t}\right)_x = D\left(\frac{\partial^2 \mathcal{N}}{\partial x^2}\right)_t \quad \text{あるいは} \quad \left(\frac{\partial c}{\partial t}\right)_x = D\left(\frac{\partial^2 c}{\partial x^2}\right)_t$$

拡散係数（D）はふつう等方的な定数とできるが，一般には濃度勾配と流束が平行であるとは限らない．その場合の D は二階のテンソル量となる．

▶解説◀　この式によって，溶液中の不均一な溶質濃度が変化する速度を予測することができる．簡単にいえば，溶液の濃度に不均一さ（シワ）があれば，それが時間とともに分散する（シワが伸びる）傾向があるということである．そのシワのより方は濃度の曲率（二階導関数）に相当している．たとえば，ある領域で濃度が一様であるか，そうでなくても設定した断面で濃度勾配が一定（シワがない）であれば，その点での濃度に正味の時間変化はない．濃度の曲率が正の点（谷に相当する）では濃度の時間変化が正であるから，その濃度の谷が埋まる方向に変化が起こる．一方，濃度の曲率が負の点（山に相当する）では濃度の時間変化が負になるから，その濃度の山が崩れて広がる方向に変化が起こる．

第二法則の導出には第一法則（p.69を見よ）を用いる．いま，断面積 A の管を想像しよう（図5･3）．

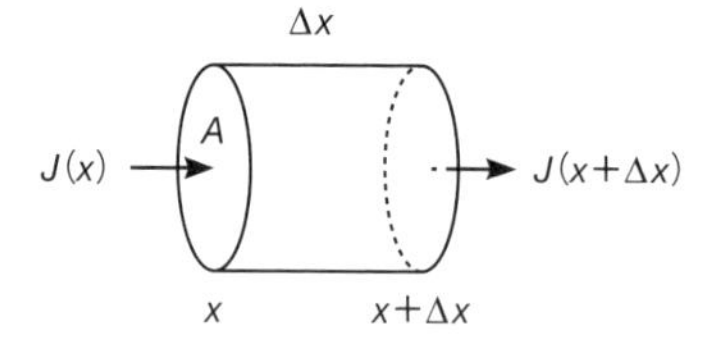

図5･3　x 方向の一次元の管（断面積 A）の中の粒子濃度に勾配があれば，拡散による流束が生じる（第一法則）．さらに，$J(x) \neq J(x+\Delta x)$ ならば，その濃度は時間変化する（第二法則）．

位置 x における時刻 t での数密度を $\mathcal{N}$ とする．無限小の時間 $\mathrm{d}t$ に Δx の部分に入り込む粒子の数は $J(x)A\,\mathrm{d}t$ だから，左側からの流束によって粒子が増加する

速度は，

$$\left(\frac{\partial \mathcal{N}}{\partial t}\right)_x = \frac{J(x)A\,\mathrm{d}t}{A\,\Delta x\,\mathrm{d}t} = \frac{J(x)}{\Delta x}$$

である．同様にして，右側からの流束で粒子は出ていくから，

$$\left(\frac{\partial \mathcal{N}}{\partial t}\right)_x = -\frac{J(x+\Delta x)A\,\mathrm{d}t}{A\,\Delta x\,\mathrm{d}t} = -\frac{J(x+\Delta x)}{\Delta x}$$

である．したがって，正味の変化速度は，

$$\left(\frac{\partial \mathcal{N}}{\partial t}\right)_x = \frac{J(x) - J(x+\Delta x)}{\Delta x}$$

となる．第一法則によれば（p.69 を見よ），流束はそれぞれの位置での濃度勾配に比例するから，

$$J(x) - J(x+\Delta x) = -D\left(\frac{\partial \mathcal{N}}{\partial x}\right)_t + D\left[\frac{\partial}{\partial x}\left\{\mathcal{N} + \left(\frac{\partial \mathcal{N}}{\partial x}\right)_t \Delta x\right\}\right]_t = D\,\Delta x\left(\frac{\partial^2 \mathcal{N}}{\partial x^2}\right)_t$$

と書ける．これを上の式に代入すれば目的とした拡散方程式が導かれる．

$$\left(\frac{\partial \mathcal{N}}{\partial t}\right)_x = D\left(\frac{\partial^2 \mathcal{N}}{\partial x^2}\right)_t$$

拡散係数は溶質と媒質のいろいろな性質によって説明される．拡散を統計的に考察すると，粒子が時間 τ の間に距離 λ だけジャンプするようなランダム歩行の過程とみることができる．そうすれば，つぎのアインシュタイン-スモルコフスキーの式が得られる．

$$D = \frac{\lambda^2}{2\tau}$$

この式は，巨視的な量 D をランダム歩行という事象を用いて微視的な側面と関係づけているという点で重要である．溶液中での運動では，λ として一般に粒子の直径を採用している．また，凝縮相での拡散にはつぎの温度依存性が見られることが多く，自己拡散は固有の活性化エネルギーをもつ活性化過程とみなすことができる．

$$D = D_0\,\mathrm{e}^{-E_\mathrm{a}/RT}$$

▶関連事項◀　上のような状況に加えて対流を伴う場合には，速度 v の対流流束をひき起こす．また，化学種の反応が起これば，その消滅や生成を表す反応速度式も含めなければならない．こうしてできる物質収支の方程式は，

$$\left(\frac{\partial \mathcal{N}}{\partial t}\right)_x = D\left(\frac{\partial^2 \mathcal{N}}{\partial x^2}\right)_t - v\left(\frac{\partial \mathcal{N}}{\partial x}\right)_t - k_\mathrm{r}\,\mathcal{N}$$

で表される．k_r は速度定数である．

拡散方程式の解として，ここでは対流も反応もない単純な場合を考えよう．初期条件として，面積 A の平面に化学種Jを1分子層として物質量 n_0 だけ塗布しておいたとする．この層が溶媒中を x 方向に一次元拡散したとき，時間 t 後の距離 x での濃度［J］は次式で表される（拡散方程式に代入してみれば解であることがわかる）．

$$[\mathrm{J}] = \frac{n_0}{A(\pi Dt)^{1/2}}\,\mathrm{e}^{-x^2/(4Dt)}$$

図5･4には異なる時間（$Dt = 0.1,\ 0.3,\ 1.0$）での濃度の距離依存性を示してある．それぞれの分布の形はガウス関数（e^{-ax^2}）で表される（ただし，いまは片側にしか拡散しないから半分のみ）．また，$t=0$ では n_0 すべてが $x=0$ にあるからデルタ関数で表される．全物質量は変化しないから，濃度の積分値はどの時間でも n_0 である．

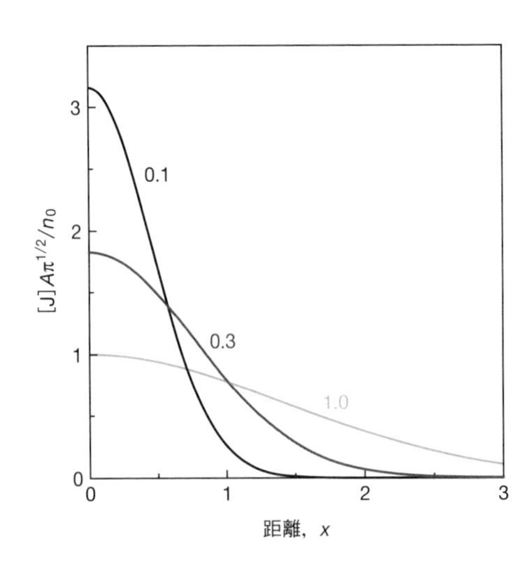

図5･4　一次元の拡散による濃度分布の時間変化（本文の説明を見よ）．図中の数値は Dt の値であり，時間を表している．

5・7 ミカエリス-メンテンの速度式 ★★

▶概要◀ 水溶液中での均一系酵素触媒作用についてのミカエリス－メンテン機構では，酵素 E と基質 S がつぎのように反応する．

$$\mathrm{E + S \longrightarrow ES} \qquad \text{ES の生成速度} = k_\mathrm{a}[\mathrm{E}][\mathrm{S}]$$

$$\mathrm{ES \longrightarrow E + S} \qquad \text{ES の分解速度} = k_\mathrm{a}'[\mathrm{ES}]$$

$$\mathrm{ES \longrightarrow P + E} \qquad \text{P の生成速度} = \text{ES の消費速度} = k_\mathrm{b}[\mathrm{ES}]$$

ES は酵素-基質複合体である．ふつうは反応の初期速度に注目して測定するから，ここでは生成物 P が不可逆的に生成すると考える（逆反応を考えない）．この機構によれば，P の生成速度（v）はつぎのミカエリス-メンテンの式で表される．

基本式 No.32

$$v = k_\mathrm{r}[\mathrm{E}]_0 \qquad k_\mathrm{r} = \frac{k_\mathrm{b}[\mathrm{S}]}{[\mathrm{S}] + K_\mathrm{M}} \qquad K_\mathrm{M} = \frac{k_\mathrm{a}' + k_\mathrm{b}}{k_\mathrm{a}}$$

$[\mathrm{E}]_0$ は E の初濃度であり，$[\mathrm{E}]_0 \ll [\mathrm{S}]_0$ である．なお，E は反応中には 2 種の形で存在するから $[\mathrm{E}]_0 = [\mathrm{E}] + [\mathrm{ES}]$ である．一方，反応初期であるため $[\mathrm{S}] \approx [\mathrm{S}]_0$ である．K_M はミカエリス定数である．

▶解説◀ ミカエリスとメンテンの当初の扱いでは，迅速な前駆平衡 $\mathrm{E + S \rightleftharpoons ES}$ に注目し，その平衡定数（実際には解離平衡定数）を用いている．その後，ブリッグスとホールデンは，その際の仮定が厳しすぎるとして“定常状態の近似”を採用して扱いを一般化した．すなわち，複合体 ES の生成と分解が釣り合っていて，[ES] は見かけ上一定であると仮定した．ここでは，その扱いに従って速度式を導出しよう．

方針としては，速度定数と $[\mathrm{E}]_0$，$[\mathrm{S}]$（$\approx [\mathrm{S}]_0$）を用いて [ES] を表すことであり，そのためにつぎの定常状態の近似を課す．

$$\text{ES の正味の生成速度} = k_\mathrm{a}[\mathrm{E}][\mathrm{S}] - k_\mathrm{a}'[\mathrm{ES}] - k_\mathrm{b}[\mathrm{ES}] = 0$$

これを整理すれば，

$$[\mathrm{ES}] = \frac{k_\mathrm{a}[\mathrm{E}][\mathrm{S}]}{k_\mathrm{a}' + k_\mathrm{b}}$$

となる．ここで，$[\mathrm{E}] = [\mathrm{E}]_0 - [\mathrm{ES}]$ であることに注目すれば，

$$[\mathrm{ES}] = \frac{k_{\mathrm{a}}([\mathrm{E}]_0 - [\mathrm{ES}])[\mathrm{S}]}{k_{\mathrm{a}}' + k_{\mathrm{b}}}$$

となり，これを整理すれば，

$$\left(\frac{k_{\mathrm{a}}' + k_{\mathrm{b}}}{k_{\mathrm{a}}} + [\mathrm{S}]\right)[\mathrm{ES}] = [\mathrm{E}]_0[\mathrm{S}]$$

が得られる．速度定数の集まりをミカエリス定数 K_{M} で置き換えれば，

$$(K_{\mathrm{M}} + [\mathrm{S}])[\mathrm{ES}] = [\mathrm{E}]_0[\mathrm{S}]$$

であるから，つぎの式が得られる．

$$[\mathrm{ES}] = \frac{[\mathrm{E}]_0[\mathrm{S}]}{[\mathrm{S}] + K_{\mathrm{M}}}$$

これで [ES] を表すことができた．そこで，$v = k_{\mathrm{b}}[\mathrm{ES}]$ であるから，

$$v = \frac{k_{\mathrm{b}}[\mathrm{S}]}{[\mathrm{S}] + K_{\mathrm{M}}}[\mathrm{E}]_0 = k_{\mathrm{r}}[\mathrm{E}]_0$$

である．すなわち，この酵素触媒反応の速度は，加えた酵素の濃度について 1 次である．$[\mathrm{S}] \ll K_{\mathrm{M}}$ のときは $k_{\mathrm{r}} = (k_{\mathrm{b}}[\mathrm{S}])/K_{\mathrm{M}}$ であるから，v は [S] に比例して増加する．一方，$[\mathrm{S}] \gg K_{\mathrm{M}}$ のときは $k_{\mathrm{r}} = k_{\mathrm{b}}$ であり，v は [S] によらず最大速度（v_{max}）を示す．

$$v_{\mathrm{max}} = k_{\mathrm{b}}[\mathrm{E}]_0$$

この v_{max} を用いて反応速度 v を表し直せば，

$$v = k_{\mathrm{b}}\frac{[\mathrm{S}][\mathrm{E}]_0}{[\mathrm{S}] + K_{\mathrm{M}}} = \frac{[\mathrm{S}]}{[\mathrm{S}] + K_{\mathrm{M}}}v_{\mathrm{max}}$$

である．$[\mathrm{S}] = K_{\mathrm{M}}$ のときの反応速度は $\frac{1}{2}v_{\mathrm{max}}$ であるから，これを目安にして，基質の濃度が K_{M} の値以上であれば酵素が有効に働くといえる．

▶**関連事項**◀　酵素反応の速度データを解析するには，反応速度の逆数（$1/v$）を基質濃度の逆数（1/[S]）に対してプロットすればよい．これをラインウィーバー-バークのプロットという．そのために上の式をつぎのように変形しておく．

$$\frac{1}{v} = \left(\frac{[\mathrm{S}] + K_{\mathrm{M}}}{[\mathrm{S}]}\right)\frac{1}{v_{\mathrm{max}}} = \left(1 + \frac{K_{\mathrm{M}}}{[\mathrm{S}]}\right)\frac{1}{v_{\mathrm{max}}} = \frac{1}{v_{\mathrm{max}}} + \left(\frac{K_{\mathrm{M}}}{v_{\mathrm{max}}}\right)\frac{1}{[\mathrm{S}]}$$

このプロットで得られる直線の勾配は（$K_{\mathrm{M}}/v_{\mathrm{max}}$）で，$1/[\mathrm{S}] = 0$ へ補外した切片は（$1/v_{\mathrm{max}}$）に等しい．これを組合わせれば K_{M} が求められる．あるいは，横軸（$1/v = 0$ の線）へ補外した切片が（$-1/K_{\mathrm{M}}$）であるのを利用してもよい（図 5·5）．

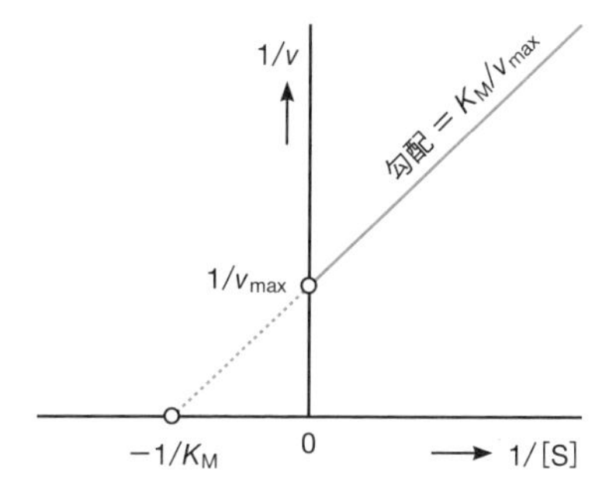

図5･5　ラインウィーバー-バークのプロット（本文の説明を見よ）.

同じデータを用いて他のパラメーターを計算することもでき，いろいろな酵素の触媒活性を比較することができる．酵素の触媒定数（k_{cat}，ターンオーバー数ともいう）は，その酵素が達成できる反応の最大速度を酵素の濃度で割ったものである．

$$k_{cat} = \frac{v_{max}}{[E]_0}$$

酵素の触媒効率（η）は次式で定義される．η の値が大きいほど効率は高い．

$$\eta = \frac{k_{cat}}{K_M}$$

5・8　酵素阻害反応の速度式　★

▶概 要◀　均一系酵素触媒作用についてのミカエリス-メンテン機構では，酵素Eと基質Sがつぎのように反応して生成物Pが生成する．

$$\mathrm{E + S \longrightarrow ES} \qquad \text{ESの生成速度} = k_a[\mathrm{E}][\mathrm{S}]$$

$$\mathrm{ES \longrightarrow E + S} \qquad \text{ESの分解速度} = k_a'[\mathrm{ES}]$$

$$\mathrm{ES \longrightarrow P + E} \qquad \text{Pの生成速度} = k_b[\mathrm{ES}]$$

ESは酵素-基質複合体である．ところが，べつの阻害剤Iによって酵素作用が部分的に抑えられる場合がある．それを表すために，阻害剤との複合体（EIおよびESI）についてつぎの2種類の平衡（解離平衡）を考慮に入れる．

$$\mathrm{EI \rightleftharpoons E + I} \qquad K_\mathrm{I} = \frac{[\mathrm{E}][\mathrm{I}]}{[\mathrm{EI}]}$$

$$\mathrm{ESI \rightleftharpoons ES + I} \qquad K_\mathrm{I}' = \frac{[\mathrm{ES}][\mathrm{I}]}{[\mathrm{ESI}]}$$

このときの生成物の生成速度は次式で表される．

基本式
No.33

$$v = k_b \frac{[\mathrm{S}][\mathrm{E}]_0}{\alpha'[\mathrm{S}] + \alpha K_\mathrm{M}} = \frac{[\mathrm{S}]}{\alpha'[\mathrm{S}] + \alpha K_\mathrm{M}} v_{\max}$$

$$\text{ここで，}\ \alpha = 1 + \frac{[\mathrm{I}]}{K_\mathrm{I}}, \quad \alpha' = 1 + \frac{[\mathrm{I}]}{K_\mathrm{I}'}$$

$[\mathrm{E}]_0$はEの初濃度であり，$[\mathrm{E}]_0 \ll [\mathrm{S}]_0$である．Eは反応中には4種の形で存在するから$[\mathrm{E}]_0 = [\mathrm{E}] + [\mathrm{ES}] + [\mathrm{EI}] + [\mathrm{ESI}]$である．一方，反応初期であるため$[\mathrm{S}] \approx [\mathrm{S}]_0$である．$K_\mathrm{M}$はミカエリス定数，$v_{\max}$は最大速度である．つぎのように変形しておけば，阻害を受けない酵素反応の場合と同じように，ラインウィーバー-バークのプロットを用いた解析が使える（p.74を見よ）．

$$\frac{1}{v} = \frac{\alpha'}{v_{\max}} + \left(\frac{\alpha K_\mathrm{M}}{v_{\max}}\right)\frac{1}{[\mathrm{S}]}$$

▶解 説◀　酵素阻害反応の速度式を導出するには，与えられた速度定数や解離定数を用いて，$[\mathrm{ES}]$と$[\mathrm{E}]_0$の関係を求めることである．まず，Eの濃度については，

$$[\mathrm{E}]_0 = [\mathrm{E}] + [\mathrm{ES}] + [\mathrm{EI}] + [\mathrm{ESI}]$$

が成り立つ．次に，二つの解離定数で定義したパラメーターαとα'を使ってこの関係を表せば，

$$[\mathrm{E}]_0 = \alpha[\mathrm{E}] + \alpha'[\mathrm{ES}]$$

となる．また，前駆平衡の仮定から，

$$K_\mathrm{M} = \frac{[\mathrm{E}][\mathrm{S}]}{[\mathrm{ES}]}$$

とできる．そこで，

$$[\mathrm{E}]_0 = \frac{\alpha K_\mathrm{M}[\mathrm{ES}]}{[\mathrm{S}]} + \alpha'[\mathrm{ES}] = \left(\frac{\alpha K_\mathrm{M}}{[\mathrm{S}]} + \alpha'\right)[\mathrm{ES}]$$

となる．したがって，生成物の生成速度は次式で表される．

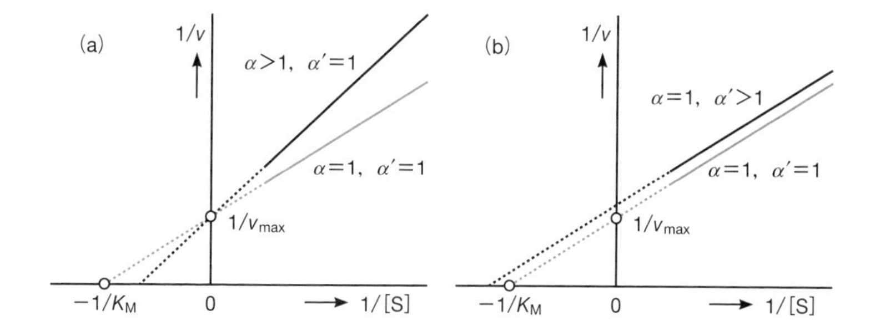

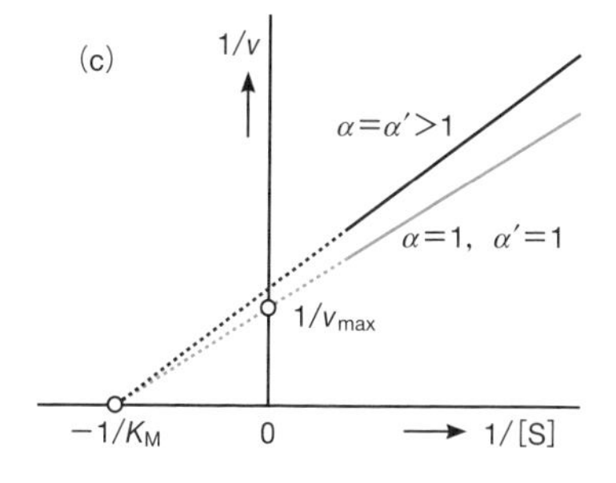

図 5·6　酵素阻害のおもな様式の特徴を示すラインウィーバー-バークのプロット．(a) 競合阻害，(b) 不競合阻害，(c) 非競合阻害．ただし，$K_\mathrm{I} = K_\mathrm{I}'$ および $\alpha = \alpha' > 1$ の特別な場合を示してある．

$$v = k_b\,[\mathrm{ES}] = k_b \frac{[\mathrm{S}]\,[\mathrm{E}]_0}{\alpha'\,[\mathrm{S}] + \alpha K_\mathrm{M}} = \frac{[\mathrm{S}]}{\alpha'\,[\mathrm{S}] + \alpha K_\mathrm{M}}\, v_\mathrm{max}$$

速度論的な振舞いが異なる阻害様式として，競合阻害（拮抗阻害ともいう），不競合阻害，非競合阻害の 3 種がある．競合阻害では，基質と構造のよく似た阻害剤が基質と競合して酵素の活性部位を奪い合うから，基質と結合する酵素の能力が低下する．この条件は，$\alpha > 1$ かつ $\alpha'=1$（ESI 複合体は形成されない）に相当する．阻害されていない酵素反応（$\alpha=\alpha'=1$）に比べて，ラインウィーバー-バークのプロットの勾配は α 倍に増加するが，y 切片は変わらない（図 5・6a）．

不競合阻害では，基質がすでに酵素と結合しているときにだけ，阻害剤が活性部位とは別の部位に結合する．この阻害は，ESI 複合体の形成により ES 複合体の濃度が減少することで起こる．この場合は $\alpha=1$（EI が生成しない），$\alpha' > 1$ である．阻害されていない酵素反応に比べて，ラインウィーバー-バークのプロットの y 切片は α' 倍に増加するが，勾配は変わらない（図 5・6b）．

非競合阻害では，阻害剤が活性部位とは別の部位に結合し，阻害剤が存在することで活性部位への基質の結合能が低下する．この阻害は E の部位でも ES の部位でも起こる．その条件は，$\alpha > 1$ かつ $\alpha' > 1$ に相当する．阻害剤を添加すれば，ラインウィーバー-バークのプロットの勾配と y 切片の両方が増加する（図 5・6c）．

いずれの場合も，阻害されていない酵素反応を使って対照実験を行い，K_M と v_max を求めておき，既知濃度の阻害剤を使って同じ実験を繰返せば，阻害の効率を求めることができる．また，ラインウィーバー-バークのプロットから阻害様式を推定し，α や α' の値，K_I や K_I' の値を求めることができる．

6. 量　子　論

6・1　ドブローイの式　★★★

▶概要◀　質量 m の粒子が速さ v で運動するとき，直線運動量 $p=mv$ をもつその粒子は波長 λ の波とみなせる．この物質波（ドブローイ波という）の波長（ドブローイ波長という）は次式で表される．

基本式
No.34

$$\lambda = \frac{h}{mv} = \frac{h}{p}$$

h はプランク定数である．

▶解説◀　ドブローイの式は，光子（フォトン）についての波-粒子二重性の概念を物質粒子に拡大して適用するために提唱された．この式を用いれば，電子が静止状態から電位差 V で加速されたときの波長は，

$$\lambda = \frac{h}{(2m_\mathrm{e}eV)^{1/2}}$$

で与えられる．m_e は電子の静止質量，e は電気素量である．また，原子核のまわりを半径 r の円周軌道に沿って回る電子の物質波が定常波であるための条件は，角運動量（L）に関するボーアの量子条件（p.105 を見よ）と同じものであった．

$$L = m_\mathrm{e}vr = \frac{nh}{2\pi} = n\hbar \qquad (n = 1, 2, 3, \cdots)$$

$\hbar$ は換算プランク定数（ディラック定数ともいう）であり，角運動量や円運動を論じるときに重要である．以上のようなドブローイの考えを発展させてシュレーディンガー方程式（p.82 を見よ）が出現したから，これは古典力学から本格的な量子力学への橋渡しをした重要な前期量子論の一つといえる．

▶関連事項◀　前期量子論は黒体放射の理論（エネルギー量子の仮説）から始まった．プランクは，黒体から放射されるエネルギー（E）とその振動数（ν）の間につぎの関係を仮定しない限り，理論と実験の一致は得られないことを見いだした．

$$E = nh\nu \qquad (n = 1, 2, 3, \cdots)$$

この仮定に基づき，彼はつぎのプランク分布を導いたのである．

$$\mathrm{d}E = \rho(\nu)\mathrm{d}\nu \qquad \rho(\nu) = \frac{8\pi h}{c^3}\frac{\nu^3}{\mathrm{e}^{h\nu/kT}-1}$$

ρ はエネルギー密度である．c は真空中での光速（$2.997\,924\,58 \times 10^8\ \mathrm{m s^{-1}}$），$k$ はボルツマン定数である．h は，当時は実験データに合わせる単なるパラメーターであったが，いまでは基礎物理定数として重要な役割を果たしており，その値は，

$$h = 6.626\,070\,15 \times 10^{-34}\ \mathrm{J\,s}$$

と定義されている．プランク分布を波長で表せば，$\lambda\nu = c$ であるから $\mathrm{d}\nu = -c\,\mathrm{d}\lambda/\lambda^2$ となり，

$$\rho(\lambda) = \frac{8\pi hc}{\lambda^5} \frac{1}{\mathrm{e}^{hc/\lambda kT} - 1}$$

である．こうして，黒体内の放射場について，プランクはエネルギーの量子化という概念を提唱したのであった．

エネルギーの量子化に関する決定的な証拠は，原子スペクトルの観測などにより分光学から導かれた．すなわち，分光学的遷移が起こるときには，つぎのボーアの振動数条件（p.106 を見よ）が満たされるとした．

$$\Delta E = h\nu$$

一方，アインシュタインはプランクの量子化の概念を光に拡張し，光電効果の実験結果を説明するのに光量子仮説を提唱した．すなわち，振動数 ν の光は電磁波であると同時に，

$$E = h\nu \qquad p = \frac{h\nu}{c}$$

というエネルギーと運動量をもつ粒子として振舞うとした．これは，波動と粒子の二重性の最初の現れであった．

こうして，アインシュタインらの仕事に影響を受けたドブローイは物質波の考えを提案したのであった．それは電子線で実証された．一方，電磁波であれば波長と振動数はマクスウェル方程式から導かれるが，電子のような粒子についてはマクスウェル方程式からは導かれない．そこで，粒子の波動現象を記述する何らかの波動方程式が存在するのではないかということで，シュレーディンガー方程式が導かれたのである．

6・2　シュレーディンガー方程式　★★★

▶概 要◀　質量 m，エネルギー E で一次元の運動をしている 1 個の粒子について，時間に依存しないシュレーディンガー方程式は次式で表される．

基本式
No.35

$$-\frac{\hbar^2}{2m}\frac{\mathrm{d}^2\psi}{\mathrm{d}x^2}+V(x)\psi = E\psi$$

$V(x)$ は粒子が置かれたポテンシャルである．ψ は波動関数であり，このシュレーディンガー方程式の解である．いまの場合は，時間に依存しないから定常状態の波動関数である．一般に表すときは，

$$\hat{H}\psi = E\psi$$

と書く．$\hat{H}$ を注目する系のハミルトン演算子（ハミルトニアン）という．

▶解 説◀　シュレーディンガー方程式は，量子力学系の波動関数を計算するための基本方程式である．波動関数は系の状態に関する動力学的な情報，つまり粒子の位置だけでなく運動量やエネルギーなど運動に関するあらゆる情報をすべて含む数学関数である．ハミルトン演算子は運動エネルギーとポテンシャルエネルギーから成り，上のシュレーディンガー方程式についていえば，左辺の第 1 項は波動関数に運動エネルギーを作用させた（二階導関数をとる）項であり，第 2 項はポテンシャルエネルギーを作用させた（単なる掛け算の）項である．右辺は全エネルギーを作用（掛け算）している．この場合は二階の常微分方程式で表されているから，その一般解（ψ）には定数が現れるが，境界条件を課せば定数を具体的に求められる．また，時間に依存する微分方程式の境界条件には初期条件（たとえば $t=0$ での値）が加わる．

分子分光学を論じる場合は定常状態間の遷移を問題にするから，時間に依存するシュレーディンガー方程式が必要になる．それは一般につぎの形をしている．

$$\hat{H}\,\Psi = \mathrm{i}\hbar\frac{\partial\Psi}{\partial t}$$

i は虚数を表し，$\mathrm{i}^2=-1$ である．ハミルトン演算子が時間に依存しないときは，この方程式を二つの成分に分離することができる．そのときの解は，

$$\Psi = \psi\,\mathrm{e}^{-\mathrm{i}Et/\hbar}$$

で表される．ψ は定常状態の波動関数であり，時間に依存しないシュレーディンガー方程式の解である．

▶関連事項◀　自由に運動する粒子についてのドブローイの式（p.80 を見よ）が，シュレーディンガー方程式から導出できることを示そう．まず，粒子が自由に運動できるから，ポテンシャルエネルギーは一定である（ここでは $V=0$ とする）．そうすれば，シュレーディンガー方程式は，

$$-\frac{\hbar^2}{2m}\frac{\mathrm{d}^2\psi}{\mathrm{d}x^2} = E\psi$$

と書ける．ここで，波動関数の一つの解が，

$$\psi = \sin kx \qquad ここで，\quad k = \frac{(2mE)^{1/2}}{\hbar}$$

であることは，元の方程式に代入してみればわかる．ここでの k は波数の次元をもつ単なる定数であり，ボルツマン定数でないから注意しよう．実際に計算してみれば，

$$左辺 = -\frac{\hbar^2}{2m}\frac{\mathrm{d}^2}{\mathrm{d}x^2}\sin kx = -\frac{k\hbar^2}{2m}\frac{\mathrm{d}}{\mathrm{d}x}\cos kx = \frac{k^2\hbar^2}{2m}\sin kx$$

$$右辺 = E\sin kx \qquad であり，\qquad E = \frac{k^2\hbar^2}{2m}$$

であるから確かに解である．この粒子のエネルギー（運動エネルギー E_{k} しかない）は，

$$E = E_{\mathrm{k}} = \frac{p^2}{2m}$$

で表されるから $p = k\hbar$ である．ここで，関数 $\sin kx$ は波長 $\lambda = 2\pi/k$ の波，つまり $\sin(2\pi x/\lambda)$ の調和波である．そこで，

$$p = k\hbar = \left(\frac{2\pi}{\lambda}\right)\times\left(\frac{h}{2\pi}\right) = \frac{h}{\lambda}$$

が成り立つ．これはドブローイの式である．波の描像が簡単に得られる場合はドブローイの式から量子条件を指定できるが，もっと複雑な場合は一般に適用できる数学的方法が必要となり，それがシュレーディンガーの波動方程式なのである．

6・3　ボルンの解釈　★★★

▶概要◀　ある粒子の位置 x での波動関数を $\psi(x)$ とするとき，光の波動理論からの類推で，無限小領域（dx）にその粒子を見いだす確率（P）は，

基本式 No.36

$$P \propto \psi^*(x)\,\psi(x)\,\mathrm{d}x$$

とできる．三次元空間については無限小の体積素片を dτ として，

$$P \propto \psi^*\psi\,\mathrm{d}\tau$$

と表せる．ここで，波動関数 ψ は一般には複素（実と虚の部分がある）で表され，ψ^* は ψ と複素共役（虚部の負号を変えたもの）の関係にある．$\psi^*\psi = |\psi|^2$ と書いて表すこともある．ψ が実の場合は単に ψ^2 と書く．

▶解説◀　電磁波では振幅の 2 乗をその強度と解釈することができ，量子論の言葉でいえば，存在するフォトンの数を表している．これからの類推を利用したボルンの確率論的な解釈によって，波動関数の物理的な意味は鮮明になった．すなわち，$|\psi|^2$ の値が大きな場所に粒子を見いだす確率は大きい．もし，波動関数が次式を満たし，すなわち規格化されていれば，

$$\int_{-\infty}^{+\infty} |\psi|^2\,\mathrm{d}\tau = 1$$

上の式の比例関係は等号で置き換えることができ，存在確率そのものが求められる．そのときの $|\psi|^2$ は確率密度であり，ψ を確率振幅という．

ボルンの解釈は，波動関数が妥当なものであるための条件を示す役目もしている．まず，(1) 波動関数は一価の関数でなければならない．すなわち，確率密度が二つ以上あったのでは意味がない．次に，(2) 限られた空間領域で波動関数が無限大になってはならない．つまり，全存在確率は 1 でなければならない．これに加えて，(3) 波動関数はどこでも連続でなければならない．また，(4) 波動関数の勾配についても，どこでも連続でなければならない．これらは，シュレーディンガー方程式の第 1 項が ψ の二階導関数から成るためであり (p.82 を見よ)，この二階導関数がどこでも明確に決まらなければならないからである．

シュレーディンガー方程式は微分方程式であるから，数学的には無限個の解がある．そこで，与えられた境界条件によって物理的に意味のある解を取出す必要がある．これによって固有のエネルギー値だけが許容される．すなわち，境界条件のもとでシュレーディンガー方程式を解けば，系のエネルギーの量子化が必然的に現れるのである．

6・4　ハイゼンベルクの不確定性原理　★★

▶概要◀　ある粒子の位置 x の不確かさを Δx，その x 軸に平行な直線運動量 p_x の不確かさを Δp_x とするとき，位置–運動量の不確定性関係は次式で表される．

基本式
No.37

$$\Delta x \, \Delta p_x \geq \frac{1}{2}\hbar$$

この不確定性原理が顕在化する現象として，原子や結晶格子の零点振動，その他の量子的な揺らぎなどがある．

▶解説◀　ハイゼンベルクは，ガンマ線（電磁波）の電子による散乱（コンプトン散乱）についての思考実験から，粒子の位置と運動量を同時に測定するときには不確かさを伴うとした．彼の説明では上の式の右辺は h であった．それは，粒子の運動量を測定する装置と対象の間に制御できない相互作用があるために波動関数が広がるという，ある種の観測者効果による説明であった．しかし，いまでは量子系にもともと備わっている基本特性（物質波の性質）として不確定性原理は理解されている．

ここではまず，上の不確定性原理の定性的な側面を理解するために，つぎの両極端の状況を想像してみよう．波長一定の波動関数 $\sin(2\pi x/\lambda)$ で表される粒子は，ドブローイの式によれば明確な直線運動量 $p = h/\lambda$ をもつ（p.80 を見よ）．しかし，この場合の波は空間全体に広がっているから，注目する粒子の位置を特定することは全くできない．一方，ある特定の位置でのみ有限の振幅をもつ鋭く（デルタ関数で表せる）局在した波動関数（波束という）をつくるにはどうすればよいだろうか．その一つの方法は，同じタイプの波動関数 $\sin(2\pi x/\lambda)$ で波長の異なる多数のものを重ね合わせればよい．その極限として無限個の波動関数を用いたとすれば，粒子がある特定の位置で完全に局在していることを表せた一方で，このとき粒子の運動量に関するすべての情報を失ってしまったことになる．つまり，この粒子の運動量を予測することはできない．こう考えると，厳密な粒子性は波動性を犠牲にしてはじめて成立し，厳密な波動性は粒子性を犠牲にしてはじめて成立する状況が理解できるだろう．量子力学では，この不確定性原理があるおかげで，波動性と粒子性が互いを制約し合うのである．

不確定性原理の定量的な側面をきちんと理解するのは少し難しい．しかし，ここでの不確かさは，注目する物理量を観測したときに得られる観測量の標準偏差に相当することを知っておくとよい．標準偏差（σ）は，二乗偏差を表す分散（σ^2）の平方根であり，位置（x）と運動量（p）の分散はそれぞれ次式で定義される．

$$\sigma_x{}^2 = \langle (x - \langle x \rangle)^2 \rangle = \langle x^2 \rangle - \langle x \rangle^2$$
$$\sigma_p{}^2 = \langle (p - \langle p \rangle)^2 \rangle = \langle p^2 \rangle - \langle p \rangle^2$$

$\langle \cdots \rangle$ は平均値を表す．あとで量子力学的な平均値（期待値）の概念を導入してから，単純な具体例（一次元の箱の中の粒子のモデル）について不確定性原理を確かめよう（p.92 を見よ）．

▶関連事項◀ 上の例で重要なことは，位置と直線運動量を示す座標が一致していることで，たとえば，x 軸上の位置と y 軸に平行な直線運動量との間に不確定性原理は成立しない．そこで次の疑問は，どの組の物理量が不確定性関係にあるかである．量子力学では，観測可能な物理量（知ることのできる情報）という意味で“オブザーバブル”という用語が用いられる．位置や直線運動量は重要なオブザーバブルであり，古典物理学によれば両者を同時に知ることができる．一方，量子力学によれば，オブザーバブルの組によっては同時に知ることのできる度合い（確かさ）が不確定性原理によって制約されるわけである．

実は，不確定性原理はもっと一般的であるから，ここで話を一般化しておこう．いま二つのオブザーバブル Ω_1 と Ω_2 があるとして，それぞれに対応する演算子を $\hat{\Omega}_1$ と $\hat{\Omega}_2$ で表そう．たとえば，位置と直線運動量の演算子はつぎのように表される．

$$\hat{x} = x \times \qquad \hat{p}_x = \frac{\hbar}{\mathrm{i}} \frac{\mathrm{d}}{\mathrm{d}x}$$

そこで，つぎの関係が成り立つとき（等号が成立しないとき）二つのオブザーバブル Ω_1 と Ω_2 は相補的である（相手と無関係でおれない）という．

$$\hat{\Omega}_1(\hat{\Omega}_2\psi) \neq \hat{\Omega}_2(\hat{\Omega}_1\psi)$$

すなわち，これは波動関数 ψ に作用させる順序を交換できない（非可換である）ことを示している．この場合は不確定性原理が成立するのである．一方，交換可能（可換）であれば，二つのオブザーバブルは任意の精度で同時に測定が可能である．そこで，位置と直線運動量の場合を調べてみると，

$$\hat{x}\hat{p}_x\psi = x \times \frac{\hbar}{\mathrm{i}} \frac{\mathrm{d}\psi}{\mathrm{d}x} \qquad \hat{p}_x\hat{x}\psi = \frac{\hbar}{\mathrm{i}} \frac{\mathrm{d}}{\mathrm{d}x}(x\psi) = \frac{\hbar}{\mathrm{i}}\left(\psi + x\frac{\mathrm{d}\psi}{\mathrm{d}x}\right)$$

となるから，両者は可換でないことがわかる．このことを簡潔に表すために，つぎの交換子を定義しておくと便利である．

$$[\hat{\Omega}_1, \hat{\Omega}_2] = \hat{\Omega}_1\hat{\Omega}_2 - \hat{\Omega}_2\hat{\Omega}_1$$

たとえば，位置と直線運動量の演算子の交換子は，

$$[\hat{x}, \hat{p}_x] = \mathrm{i}\hbar$$

であり，0ではないから両者は非可換である．こうして，交換子の概念が確立すれば，不確定性原理の一般的な形は次式で与えられる．

$$\Delta\Omega_1 \Delta\Omega_2 \geq \frac{1}{2}|\langle[\hat{\Omega}_1, \hat{\Omega}_2]\rangle| \qquad \Delta\Omega_i = (\langle\Omega_i^2\rangle - \langle\Omega_i\rangle^2)^{1/2}$$

ここで，位置と直線運動量の場合について不確定性原理を確認しておこう．

$$\Delta x \Delta p_x \geq \frac{1}{2}|\langle[\hat{x}, \hat{p}_x]\rangle| = \frac{1}{2}|\mathrm{i}\hbar| = \frac{1}{2}\hbar$$

以上のように，非可換な演算子と不確定性原理には密接な関係がある．そこで，位置と直線運動量以外のオブザーバブルの組を調べてみよう．まず，直線運動量と運動エネルギーについては，

$$\frac{\hbar}{\mathrm{i}}\frac{\mathrm{d}}{\mathrm{d}x}\left(-\frac{\hbar^2}{2m}\frac{\mathrm{d}^2}{\mathrm{d}x^2}\right)\psi - \left(-\frac{\hbar^2}{2m}\frac{\mathrm{d}^2}{\mathrm{d}x^2}\right)\left(\frac{\hbar}{\mathrm{i}}\frac{\mathrm{d}}{\mathrm{d}x}\right)\psi = 0$$

である．交換子で表せば，

$$\left[\frac{\hbar}{\mathrm{i}}\frac{\mathrm{d}}{\mathrm{d}x},\ -\frac{\hbar^2}{2m}\frac{\mathrm{d}^2}{\mathrm{d}x^2}\right] = 0$$

となり可換である．一方，全エネルギーと直線運動量については，運動エネルギーと直線運動量は可換であることから，

$$\left[V(x),\ \frac{\hbar}{\mathrm{i}}\frac{\mathrm{d}}{\mathrm{d}x}\right] = -\frac{\hbar}{\mathrm{i}}\frac{\mathrm{d}}{\mathrm{d}x}V(x) \neq 0$$

となって，両者は可換でないことがわかる．したがって，直線運動量と全エネルギーを同時に正確に知ることはできない．しかしながら，$\mathrm{d}V(x)/\mathrm{d}x = 0$ であれば可換になる．それは自由粒子の場合である（p.83を見よ）．

角運動量演算子の場合は少し複雑である．それぞれの角運動量演算子（$\hat{L}_x, \hat{L}_y, \hat{L}_z$）は互いに非可換であるが，$\hat{L}^2 (= \hat{L}_x{}^2 + \hat{L}_y{}^2 + \hat{L}_z{}^2)$ と $\hat{L}_z$ は可換である．このことは空間量子化に関係している（p.98を見よ）．

6・5 箱の中の粒子のエネルギー準位 ★★★

概要 質量 m の粒子が長さ L の一次元空間にあり，ポテンシャルエネルギーは $0 \leq x \leq L$ で $V = 0$，それ以外で $V = \infty$ である．このときの波動関数とエネルギー準位は次式で表される．

基本式

No.38

$$\psi_n(x) = \left(\frac{2}{L}\right)^{1/2} \sin\left(\frac{n\pi x}{L}\right) \qquad E_n = \frac{n^2h^2}{8mL^2} \qquad (n = 1, 2, \cdots)$$

すなわち，とりうるエネルギーは量子化され，$E_1 = h^2/(8mL^2)$ の零点エネルギーが存在する．また，隣接準位間のエネルギー間隔はつぎのように表される．

$$E_{n+1} - E_n = (2n+1)\frac{h^2}{8mL^2} \qquad (n = 1, 2, \cdots)$$

解説 一次元の箱に閉じ込められた粒子の並進運動は，量子力学の初歩的な問題の対象として最適であり，これによって波動関数が満たすべき境界条件や必然的に生じるエネルギーの量子化を理解することができる．この問題では，箱の中の粒子が見つかる領域（$0 \leq x \leq L$）で $V = 0$ であるから，出発点はつぎのシュレーディンガー方程式である（p.83 を見よ）．

$$-\frac{\hbar^2}{2m}\frac{\mathrm{d}^2\psi}{\mathrm{d}x^2} = E\psi$$

この微分方程式の一般解は次式で表される（実際に代入して確かめてみればよい）．

$$\psi(x) = A\sin\left(\frac{2\pi x}{\lambda}\right) + B\cos\left(\frac{2\pi x}{\lambda}\right) \qquad ここで， \lambda = \frac{h}{(2mE)^{1/2}}$$

A と B は定数である．この波動関数はドブローイ波（p.80 を見よ）を表しており，その波長 λ は粒子の質量と全エネルギーに依存している．ただし，まったく自由な粒子と違って，箱の外では $V = \infty$ であるから粒子は存在できない．つまり，箱の両端 $x=0$ と $x=L$ で，つぎの境界条件を満たさなければならない．

$$\psi(0) = \psi(L) = 0$$

$\psi(0) = 0$ からは $B = 0$ が得られる．一方，$\psi(L) = 0$ からは，

$$\psi(L) = A\sin\left(\frac{2\pi x}{\lambda}\right) = 0$$

であるから，この境界条件が満たされるためには，

$$\frac{2L}{\lambda} = n \qquad (n = 1, 2, \cdots)$$

でなければならない．ここで量子化が導入された．ただし，$n=0$ はそもそも箱の中に粒子が存在しない解（無意味な解）であるから除いてある．こうして λ を消去すれば，波動関数として次式が得られる．

$$\psi_n(x) = A \sin\left(\frac{n\pi x}{L}\right) \qquad (n = 1, 2, \cdots)$$

まだ残っている定数 A は，この波動関数を規格化することにより求めることができる．すなわち，箱の中に粒子を見いだす確率の合計は 1 でなければならないから，

$$\int_0^L \psi^2 \,\mathrm{d}x = A^2 \int_0^L \sin^2\left(\frac{n\pi x}{L}\right)\mathrm{d}x = 1$$

である．ここで，つぎの積分公式を使う．

$$\int_0^L (\sin ax)^2 \,\mathrm{d}x = \frac{L}{2} - \frac{\sin 2aL}{4a}$$

その結果，

$$\psi_n(x) = \left(\frac{2}{L}\right)^{1/2} \sin\left(\frac{n\pi x}{L}\right) \qquad (n = 1, 2, \cdots)$$

が得られる．このときの確率密度は，

$$\psi_n^{\,2}(x) = \left(\frac{2}{L}\right) \sin^2\left(\frac{n\pi x}{L}\right) \qquad (n = 1, 2, \cdots)$$

である．系のエネルギーは，上で得た波動関数を元のシュレーディンガー方程式に代入して求めてもよいが，いまの場合はすでにドブローイ波の考えを利用して $\lambda = 2L/n = h/(2mE)^{1/2}$ としているから，

$$E_n = \frac{n^2 h^2}{8mL^2} \qquad (n = 1, 2, \cdots)$$

が得られる．$n=1$ は，最低の取除けない零点エネルギーに相当している．このことは不確定性原理の要請にかなっている．すなわち，有限の領域に粒子を閉じ込めれば，その位置は完全には不確定でないから，運動量（したがって運動エネルギー）を厳密に 0 と指定できないのである．

▶ 関連事項 ◀　二次元の箱の中の粒子の運動に拡張するのは簡単である．波動関数を，

$$\psi(x, y) = X(x)Y(y)$$

と書いて変数分離法を用いればよい．すなわち，$X(x)$ および $Y(y)$ として一次元の解を用いれば波動関数は，

$$\psi_{n_X, n_Y}(x, y) = \left(\frac{2}{L_X}\right)^{1/2} \sin\left(\frac{n_X \pi x}{L_X}\right) \times \left(\frac{2}{L_Y}\right)^{1/2} \sin\left(\frac{n_Y \pi y}{L_Y}\right)$$

$$= \left(\frac{4}{L_X L_Y}\right)^{1/2} \sin\left(\frac{n_X \pi x}{L_X}\right) \sin\left(\frac{n_Y \pi y}{L_Y}\right)$$

で表される．このときのエネルギーは次式で表される．

$$E_{n_X, n_Y} = E_{n_X} + E_{n_Y} = \left(\frac{n_X^2}{L_X^2} + \frac{n_Y^2}{L_Y^2}\right)\frac{h^2}{8m}$$

二次元の場合は量子数が2個（n_X, n_Y）あり，独立に（$n=1, 2, \cdots$）の値がとれる．ここで注意すべきことは，$L_X = L_Y = L$ の正方形の箱の場合にエネルギー準位に縮退が起こることである．それは，波動関数（つまり状態）が異なりながらエネルギーが等しい状況である．三次元の箱の中の粒子の波動関数とエネルギーは次式で表される．

$$\psi_{n_X, n_Y, n_Z}(x, y, z)$$

$$= \left(\frac{2}{L_X}\right)^{1/2} \sin\left(\frac{n_X \pi x}{L_X}\right) \times \left(\frac{2}{L_Y}\right)^{1/2} \sin\left(\frac{n_Y \pi y}{L_Y}\right) \times \left(\frac{2}{L_Z}\right)^{1/2} \sin\left(\frac{n_Z \pi z}{L_Z}\right)$$

$$= \left(\frac{8}{L_X L_Y L_Z}\right)^{1/2} \sin\left(\frac{n_X \pi x}{L_X}\right) \sin\left(\frac{n_Y \pi y}{L_Y}\right) \sin\left(\frac{n_Z \pi z}{L_Z}\right)$$

$$E_{n_X, n_Y, n_Z} = E_{n_X} + E_{n_Y} + E_{n_Z} = \left(\frac{n_X^2}{L_X^2} + \frac{n_Y^2}{L_Y^2} + \frac{n_Z^2}{L_Z^2}\right)\frac{h^2}{8m}$$

この場合も縮退が起こりうる．

6・6　期　待　値　★

概要　ある系が規格化された波動関数 ψ で表される状態にあるとき，これとまったく同一につくった多数の系それぞれについて，あるオブザーバブル Ω の値を1回ずつ測定したとすれば，これらの測定すべての平均値（これを期待値という）は次式で与えられる．

基本式
No.39

$$\langle \Omega \rangle = \int_{-\infty}^{\infty} \psi^* \hat{\Omega} \psi \, \mathrm{d}x$$

$\hat{\Omega}$ は，オブザーバブル Ω に対応する演算子である．

解説　一次元の箱の中の粒子について，その平均位置 $\langle x \rangle$ を求めてみよう．ここでのオブザーバブル x に対応する位置演算子は $\hat{x} = x\times$ である．そこで，

$$\langle x \rangle = \int_0^L \psi_n^*(x)\, x\, \psi_n(x) \, \mathrm{d}x$$

を計算する．この場合の波動関数は実であり，つぎの式で表せることがわかっている（p.88を見よ）．

$$\psi_n^*(x) = \psi_n(x) = \left(\frac{2}{L}\right)^{1/2} \sin\left(\frac{n\pi x}{L}\right)$$

そこで，

$$\langle x \rangle = \left(\frac{2}{L}\right) \int_0^L x \sin^2\left(\frac{n\pi x}{L}\right) \mathrm{d}x = \frac{L}{2}$$

と計算できる．ただし，つぎの積分公式を使った．

$$\int (x \sin^2 ax) \, \mathrm{d}x = \frac{x^2}{4} - \frac{x \sin 2ax}{4a} - \frac{\cos 2ax}{8a^2} + C$$

この結果は，注目する粒子が n の値によらず平均として箱の中央にあることを示しており，予想通りである．同様にして，$\langle x^2 \rangle$ を求めれば，

$$\langle x^2 \rangle = \left(\frac{2}{L}\right) \int_0^L x^2 \sin^2\left(\frac{n\pi x}{L}\right) \mathrm{d}x = \frac{L^2}{3} - \frac{L^2}{2n^2\pi^2}$$

と計算できる．ただし，つぎの積分公式を使った．

$$\int (x^2 \sin^2 ax) \, \mathrm{d}x = \frac{x^3}{6} - \left(\frac{x^2}{4a} - \frac{1}{8a^3}\right) \sin 2ax - \frac{x \cos 2ax}{4a^2} + C$$

したがって，x の分散（$\sigma_x{}^2$）と標準偏差（σ_x）は次式で表される（p.86 を見よ）．

$$\sigma_x{}^2 = \langle x^2\rangle - \langle x\rangle^2 = \left(\frac{L}{2n\pi}\right)^2\left(\frac{n^2\pi^2}{3} - 2\right) \qquad \sigma_x = \frac{L}{2n\pi}\left(\frac{n^2\pi^2}{3} - 2\right)^{1/2}$$

一方，直線運動量演算子は $\hat{p}_x = (\hbar/\mathrm{i})(\mathrm{d}/\mathrm{d}x)$ であるから，これから $\langle p\rangle$ および $\langle p^2\rangle$ を計算すればよい．

$$\begin{aligned}\langle p\rangle &= \int_0^L \left\{\left(\frac{2}{L}\right)^{1/2}\sin\left(\frac{n\pi x}{L}\right)\right\}\left(\frac{\hbar}{\mathrm{i}}\frac{\mathrm{d}}{\mathrm{d}x}\right)\left\{\left(\frac{2}{L}\right)^{1/2}\sin\left(\frac{n\pi x}{L}\right)\right\}\mathrm{d}x \\ &= \left(\frac{2n\pi\hbar}{\mathrm{i}L^2}\right)\int_0^L \sin\left(\frac{n\pi x}{L}\right)\cos\left(\frac{n\pi x}{L}\right)\mathrm{d}x = 0\end{aligned}$$

ただし，2 倍角の公式（$\sin 2\theta = 2\sin\theta\cos\theta$）を使った．$n$ の値によらず $\langle p\rangle = 0$ である．古典的に考えれば，粒子は $+x$ 方向と $-x$ 方向を行ったり来たりしているから，これも予想通りである．また，

$$\begin{aligned}\langle p^2\rangle &= \int_0^L \left\{\left(\frac{2}{L}\right)^{1/2}\sin\left(\frac{n\pi x}{L}\right)\right\}\left(-\hbar^2\frac{\mathrm{d}^2}{\mathrm{d}x^2}\right)\left\{\left(\frac{2}{L}\right)^{1/2}\sin\left(\frac{n\pi x}{L}\right)\right\}\mathrm{d}x \\ &= \left(\frac{2n^2\pi^2\hbar^2}{L^3}\right)\int_0^L \sin^2\left(\frac{n\pi x}{L}\right)\mathrm{d}x = \frac{n^2\pi^2\hbar^2}{L^2}\end{aligned}$$

が得られる．ただし，つぎの積分公式を使った．

$$\int(\sin^2 ax)\,\mathrm{d}x = \frac{x}{2} - \frac{1}{4a}\sin 2ax + C$$

これから，p の分散（$\sigma_p{}^2$）と標準偏差（σ_p）を求めれば，

$$\sigma_p{}^2 = \langle p^2\rangle - \langle p\rangle^2 = \frac{n^2\pi^2\hbar^2}{L^2} \qquad \sigma_p = \frac{n\pi\hbar}{L}$$

となる．そこで，一次元の箱の中の粒子についての不確定性原理(p.85 を見よ)は，

$$\sigma_x\sigma_p = \frac{\hbar}{2}\left(\frac{n^2\pi^2}{3} - 2\right)^{1/2} > \frac{\hbar}{2}$$

と表される．この式は，$n=1$ の最小値でも満たされることがわかる．

▶関連事項◀　具体的な系を思い浮かべられるようになったから，ここで量子力学の基本原理をまとめておこう．基本原理とは，ある種の要請または真理と仮定した前提のことであり，それを証明することはできないが，吟味することはできる．実は，上の期待値の定義と求め方は【基本原理 4】の内容である．

【基本原理 1】によれば，量子力学系の状態は波動関数で完全に指定できる．また，粒子の存在確率は $\psi^*(x)\,\psi(x)\,\mathrm{d}x$ で表せる．ボルンの解釈（p.84 を見よ）はこれに含まれる．

【基本原理 2】によれば，古典力学における観測量すべて（位置や運動量，エネルギーなど）に対して，量子力学では対応する演算子が必ず存在する．そこで，注目するオブザーバブルの測定値を理論的に再現するには，対応する演算子を系の波動関数に作用させればよい．オブザーバブルとその演算子については，不確定性原理の説明で述べた（p.86 を見よ）．

【基本原理 3】によれば，演算子（$\hat{\Omega}$）に対応するオブザーバブル（Ω）を測定して得られる唯一の値は，その演算子の固有値（a_n）であり，つぎの固有値方程式を満足する．

$$\hat{\Omega}\psi_n = a_n\psi_n$$

ψ_n を固有関数，その状態を固有状態という．定常状態のシュレーディンガー方程式 $\hat{H}\psi_n = E_n\psi_n$ はその一例である．すなわち，波動関数にハミルトン演算子を作用させて，状態のエネルギーを得るのである．

【基本原理 4】は，上で説明したように，量子力学系の確率論的な性質について述べたものである．このとき用いる波動関数は規格化されていなければならない．

【基本原理 5】によれば，時間に依存するシュレーディンガー方程式は次式で表される．

$$\hat{H}\Psi = \mathrm{i}\hbar\frac{\partial\Psi}{\partial t}$$

【基本原理 6】は多電子系の波動関数に関するもので，パウリの原理（p.114 および p.123 を見よ）のことである．すなわち，任意の 2 個の電子の交換によって波動関数はその符号を変えなければならない．つまり，反対称波動関数しか許されない．

6・7 環上の粒子のエネルギー準位 ★★

▶概要◀ 二次元面内で半径 r の円環上を自由に運動する質量 m の粒子について，その角運動量の z 成分（$\mathcal{J}_z$）とエネルギー（E）は量子化されており，角運動量量子数（m_l）と慣性モーメント（$I = mr^2$）を用いて次式で表される．

基本式
No.40

$$\mathcal{J}_z = m_l\hbar \qquad E_{m_l} = \frac{{m_l}^2\hbar^2}{2I} \qquad (m_l = 0, \pm1, \pm2, \cdots)$$

▶解説◀ 並進運動では直線運動量（$p = mv$）に注目したが，回転運動では対応する量として角運動量（$\mathcal{J}$）に注目する（角運動量を表す記号として，一般的な考察には L よりも $\mathcal{J}$ を用いることが多い）．それは，類推が多く成り立つからである．ここでは回転運動の古典的な描像からはじめよう．まず，$\mathcal{J} = I\omega$ と表される．慣性モーメントは並進運動の質量の役目をしている．ω は角速度である．角運動量はベクトル量であり，三次元の回転では三つの成分 $\mathcal{J}_x, \mathcal{J}_y, \mathcal{J}_z$ がある．しかし，いまの場合は z 軸のまわりに半径 r の円周上を運動しているから，xy 面内に束縛された粒子の角運動量ベクトルは z 軸方向を向いていて，z 成分しかない．その大きさは，

$$\mathcal{J}_z = \pm pr$$

である．ここでの p は，xy 面内の直線運動量の大きさである．$\mathcal{J}_z > 0$ であれば，回転面を下から見たときに粒子が時計回りに回転していることを表している．一方，回転体の運動エネルギーは，直線運動の運動エネルギーの式からの類推により，つぎの式で表される．

$$E = \frac{p^2}{2m} = \frac{|\mathcal{J}_z|^2}{2I}$$

ここから量子力学的な描像へと移行する．その前に，この問題は基本的に一次元の問題であることに注目しておこう．しかも，箱の中の粒子で考えたポテンシャルの壁が存在しない，まったく自由な運動である．そこで，ドブローイの式（$\lambda = h/p$）を使えば（p.80 を見よ），

$$|\mathcal{J}_z| = pr = \frac{hr}{\lambda}$$

となり，これを利用して波動関数が満たすべき境界条件を導入することができる．この場合は1周したときに元に戻るという点で周期的な境界条件であるから，

$$\lambda = \frac{2\pi r}{n} \qquad (n = 0, 1, 2, \cdots)$$

である．ここで，波長無限大の波動関数（$n = 0$）が含まれていることに注意しよう．こうして，

$$|\mathcal{J}_z| = \frac{hr}{\lambda} = \frac{nh}{2\pi} = n\hbar \qquad (n = 0, 1, 2, \cdots)$$

となる．ただし，角運動量の量子数は n でなく，m_l で表す約束である（下付きの l を添えておく意味は三次元の回転を扱うとわかる）から，

$$\mathcal{J}_z = m_l \hbar \qquad (m_l = 0, \pm 1, \pm 2, \cdots)$$

としておく．これが量子化された角運動量である．一方，許されるエネルギーは，

$$E_{m_l} = \frac{|\mathcal{J}_z|^2}{2I} = \frac{m_l^2 \hbar^2}{2I} \qquad (m_l = 0, \pm 1, \pm 2, \cdots)$$

である．ここで，$m_l = 0$ の状態は古典的には粒子が回転していない（静止している）ことに相当している．また，箱の中の粒子の並進運動の場合と違って，粒子は環上では束縛されないから零点エネルギーは存在しない（$E_0 = 0$ である）．エネルギーの式に m_l^2 が現れるのは，同じエネルギーに対応して符号の異なる m_l が存在することを示している．それは，運動状態が2種（右回りと左回り）あるからで，そのため $m_l \neq 0$ の準位は二重縮退している．

関連事項　以上のように具体的な描像によってドブローイの式が使える場合はよいが，もっと複雑な問題ではシュレーディンガー方程式を解く必要がでてくる．ここでは，そのような展開の仕方を示そう．

xy 平面にある質量 m の粒子のハミルトン演算子（ただし，$V=0$）は，

$$\hat{H} = -\frac{\hbar^2}{2m}\left(\frac{\partial^2}{\partial x^2} + \frac{\partial^2}{\partial y^2}\right)$$

で表せる．また，シュレーディンガー方程式は $\hat{H}\psi = E\psi$ で表される．しかし，いまの場合の波動関数 ψ は方位角 ϕ の関数で表されるから，系全体の対称性を反映できるように座標変換を行っておくのが先決である．つまり，つぎの関係を使って座標 r と ϕ を導入しておく．

$$x = r\cos\phi \qquad y = r\sin\phi$$

この座標変換によって，対応するハミルトン演算子も形が変わる．すなわち，

$$\frac{\partial^2}{\partial x^2} + \frac{\partial^2}{\partial y^2} = \frac{\partial^2}{\partial r^2} + \frac{1}{r}\frac{\partial}{\partial r} + \frac{1}{r^2}\frac{\partial^2}{\partial \phi^2}$$

を用いるが，いまの場合は r は固定されているからハミルトン演算子は，

$$\hat{H} = -\frac{\hbar^2}{2mr^2}\frac{\mathrm{d}^2}{\mathrm{d}\phi^2} = -\frac{\hbar^2}{2I}\frac{\mathrm{d}^2}{\mathrm{d}\phi^2}$$

と簡単になる．ただし，慣性モーメント（$I=mr^2$）を導入した．こうして，シュレーディンガー方程式は，

$$\frac{\mathrm{d}^2\psi}{\mathrm{d}\phi^2} = -\frac{2IE}{\hbar^2}\psi$$

と書ける．この方程式の一般解（ただし，規格化してある）は複素関数で表され，

$$\psi_{m_l}(\phi) = \frac{\mathrm{e}^{\mathrm{i}m_l\phi}}{(2\pi)^{1/2}} \qquad m_l = \pm\frac{(2IE)^{1/2}}{\hbar}$$

である（代入して確かめるとよい）．許される解を取出すために周期的境界条件 $\psi(\phi+2\pi) = \psi(\phi)$ を課せば，

$$\psi_{m_l}(\phi+2\pi) = \frac{\mathrm{e}^{\mathrm{i}m_l(\phi+2\pi)}}{(2\pi)^{1/2}} = \frac{\mathrm{e}^{\mathrm{i}m_l\phi}\,\mathrm{e}^{2\pi\mathrm{i}m_l}}{(2\pi)^{1/2}} = \psi_{m_l}(\phi)\,\mathrm{e}^{2\pi\mathrm{i}m_l}$$

となる．さらに，オイラーの式（$\mathrm{e}^{\mathrm{i}\theta} = \cos\theta + \mathrm{i}\sin\theta$）により $\mathrm{e}^{\mathrm{i}\pi} = -1$ であるから，この式は，

$$\psi_{m_l}(\phi+2\pi) = (-1)^{2m_l}\psi(\phi)$$

に等しい．ここで，$(-1)^{2m_l} = 1$ でなければならないから，$2m_l$ は正または負の（0 を含む）偶数の値でなければならず，したがって m_l は整数でなければならない．すなわち，$m_l = 0, \pm1, \pm2, \cdots$ となる．これでエネルギーと角運動量の量子化を示すことができた．さらに，確率密度（p.84 を見よ）を計算すれば $\psi_{m_l}^*\psi_{m_l} = 1/(2\pi)$ を示すことができ，粒子の存在する位置が ϕ に無関係で，円周上に一様に存在している（完全に不確定である）ことがわかる．これは角運動量を指定したからであり，不確定性原理の一例である．角運動量と角度は，相補的なオブザーバブルなのである（p.86 を見よ）．

6・8　球面上の粒子のエネルギー準位　★

▶概要◀　半径 r の球面上を自由に運動する質量 m の粒子について，その角運動量の大きさ（$\mathcal{J}$）とエネルギー（E）は量子化されており，角運動量量子数（l）と慣性モーメント（$I = mr^2$）を用いて次式で表される．

基本式 No.41

$$\mathcal{J} = \{l(l+1)\}^{1/2}\hbar \qquad E_l = l(l+1)\frac{\hbar^2}{2I} \quad (l = 0, 1, 2, \cdots)$$

▶解説◀　球面上の粒子の位置を指定するには球面極座標で表すのが便利であり，半径（r）のほかに，緯度に相当する余緯度（θ，極角ともいう）と経度に相当する方位角（ϕ）が必要である．いまは $r=$ 一定 で，$V=0$ である（粒子は球面上を自由に動ける）から，波動関数はこの二つの角度だけの関数で表される．これを $\psi(\theta, \phi)$ と書く．この波動関数はさらに，変数分離法によって θ の関数と ϕ の関数に分けることができ，その積で表される．すなわち，

$$\psi(\theta, \phi) = \Theta(\theta)\,\Phi(\phi)$$

と書ける．$\Phi(\phi)$ は, 二次元面内で円環上を動く粒子と同じものである．ここで，$\psi(\theta, \phi)$ に対応するシュレーディンガー方程式の許される解は，二つの周期的境界条件で決まる．一つは環上の粒子の場合と同じで，赤道を1周するときに波動関数が合うという（Φ に対する）制約条件であり, この条件によって量子数（m_l, 磁気量子数ともいう）が導入される．もう一つは，粒子が両極を通る経路を回るときに波動関数が合うという（Θ に対する）制約条件で，これによって第2の量子数であるオービタル角運動量量子数（l, 方位量子数ともいう）が導入される．こうして分離された二つのシュレーディンガー方程式は次式で表される．

$$\frac{\sin\theta}{\Theta}\frac{\mathrm{d}}{\mathrm{d}\theta}\left(\sin\theta\frac{\mathrm{d}\Theta}{\mathrm{d}\theta}\right) + \left(\frac{2IE}{\hbar^2}\right)\sin^2\theta = m_l^{\,2} \qquad \frac{1}{\Phi}\frac{\mathrm{d}^2\Phi}{\mathrm{d}\phi^2} = -m_l^{\,2}$$

最初の式の解は随伴ルジャンドル関数という（ルジャンドル陪関数ともいう）もので，これによって量子数 m_l のほかに l が導入される．なお，もとの方位波動関数 $\psi(\theta, \phi)$ を規格化した関数は，球面調和関数 $Y_l^{m_l}(\theta, \phi)$ として表になっており（p.99 を見よ），いろいろな応用に使われている．いずれの式も覚える必要はない．こうして，エネルギーの量子化が導かれる．すなわち，

$$E_l = l(l+1)\frac{\hbar^2}{2I} \qquad (l = 0, 1, 2, \cdots)$$

となり，エネルギーは m_l に依存しない．これは環上の粒子（p.94 を見よ）の場

合と異なる．また，二次元面内の回転では，縮退のない $m_l=0$ の準位を除いて，各エネルギー準位の縮退度は2である．これに対して三次元の回転では，各エネルギー準位の縮退度は $2l+1$ である．一方，角運動量の大きさについては，古典力学における角運動量とエネルギーの関係（$E=\mathcal{J}^2/2I$）からの類推が使えて，

$$\mathcal{J}=\{l(l+1)\}^{1/2}\hbar \qquad (l=0,1,2,\cdots)$$

となる．ただし，角運動量の z 成分は，環上の粒子についての説明で示したように（p.95を見よ），

$$\mathcal{J}_z=m_l\hbar \qquad (m_l=l,\ l-1,\ \cdots,\ -l)$$

である．ここで，m_l の許される値は $2l+1$ 個ある（l の値で限られる）ことに注意しよう．

▶関連事項◀　角運動量の状況が二次元の場合と比べて少し複雑であるから，ここで整理しておこう．角運動量（$\boldsymbol{L}$）はベクトル量である（ここでは，オービタル角運動量を念頭におくから，$\mathcal{J}$ の代わりに L を用いることにしよう）．角運動量の大きさが $\{l(l+1)\}^{1/2}\hbar$ でありながら，その z 成分（$m_l\hbar$）が $2l+1$ 個の値しかとれないということは，回転体がある指定された軸に関して任意の配向をとれないという量子力学に特有の結果を表しており，これを角運動量の空間量子化という（図6･1）．

これに加えて，角運動量演算子の可換性（p.86を見よ）に関係する特異な現象が見られる．まず，角運動量の三つの成分の演算子（$\hat{L}_x, \hat{L}_y, \hat{L}_z$）はつぎのように表される．

$$\hat{L}_x=\frac{\hbar}{\mathrm{i}}\left(y\frac{\partial}{\partial z}-z\frac{\partial}{\partial y}\right) \qquad \hat{L}_y=\frac{\hbar}{\mathrm{i}}\left(z\frac{\partial}{\partial x}-x\frac{\partial}{\partial z}\right) \qquad \hat{L}_z=\frac{\hbar}{\mathrm{i}}\left(x\frac{\partial}{\partial y}-y\frac{\partial}{\partial x}\right)$$

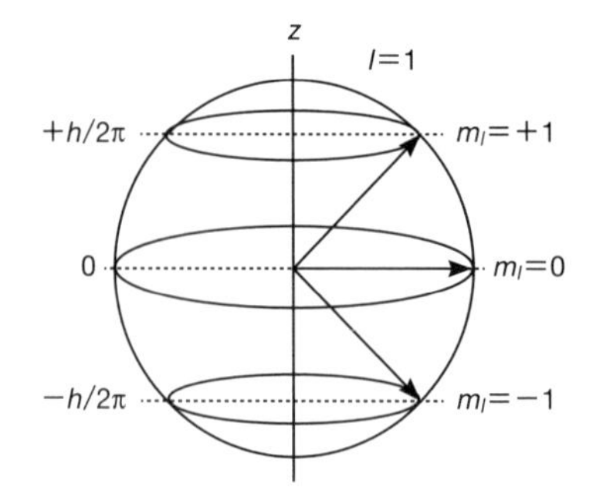

図6･1　角運動量の空間量子化．角運動量量子数 $l=1$ の場合を示してある．角運動量ベクトルの大きさは $\sqrt{2}\hbar$ で，その z 成分が0と $\pm\hbar$ である3通りの向きをとれる．ただし，x 成分と y 成分については，不確定性原理によりまったく不確定である．つまり，各ベクトルの向かう終点が z 軸に垂直な円周上のどこにあるかは指定できない（円周上を回っているわけではない）．

これらの演算子はどれも互いに可換ではない．それは，

$$[\hat{L}_x, \hat{L}_y] = \mathrm{i}\hbar\hat{L}_z \neq 0 \qquad [\hat{L}_y, \hat{L}_z] = \mathrm{i}\hbar\hat{L}_x \neq 0 \qquad [\hat{L}_z, \hat{L}_x] = \mathrm{i}\hbar\hat{L}_y \neq 0$$

だからである．したがって，$l=0$（角運動量が0）の場合を除いて，二つ以上の成分を指定することはできない．つまり，$\hat{L}_x, \hat{L}_y, \hat{L}_z$ は相補的なオブザーバブルである．一方，角運動量の大きさの2乗に対する演算子 $\hat{L}^2(=\hat{L}_x^2+\hat{L}_y^2+\hat{L}_z^2)$ は三つの成分のいずれとも可換である．つまり，

$$[\hat{L}^2, \hat{L}_x] = [\hat{L}^2, \hat{L}_y] = [\hat{L}^2, \hat{L}_z] = 0$$

である．そこで，L_z がわかっていれば（z 軸を主軸としている），他の二つの成分に決まった値を割り当てることは不可能である．つまり，角運動量の z 成分が与えられると，x 成分と y 成分については何も決まらないのである．この状況を表すために角運動量のベクトルモデルを用いている（図6·1）．

ここで，l および m_l の小さな値について，球面調和関数 $Y_{l,m_l}(\theta,\phi)$ の具体的な式の形を示しておこう．つぎのように，$m_l=0$ でない限り複素関数で表される．

$$Y_{0,0}(\theta,\phi) = \frac{1}{(4\pi)^{1/2}}$$

$$Y_{1,0}(\theta,\phi) = \left(\frac{3}{4\pi}\right)^{1/2}\cos\theta$$

$$Y_{1,\pm1}(\theta,\phi) = \mp\left(\frac{3}{8\pi}\right)^{1/2}\sin\theta\,\mathrm{e}^{\pm\mathrm{i}\phi}$$

$$Y_{2,0}(\theta,\phi) = \left(\frac{5}{16\pi}\right)^{1/2}(3\cos^2\theta-1)$$

$$Y_{2,\pm1}(\theta,\phi) = \mp\left(\frac{15}{8\pi}\right)^{1/2}\sin\theta\cos\theta\,\mathrm{e}^{\pm\mathrm{i}\phi}$$

$$Y_{2,\pm2}(\theta,\phi) = \left(\frac{15}{32\pi}\right)^{1/2}\sin^2\theta\,\mathrm{e}^{\pm2\mathrm{i}\phi}$$

このような複素関数をグラフで表すときは，ふつうは一次結合をつくって実関数にしている．それがオービタルの形となって図で表されることになる．

6・9　振動子のエネルギー準位　★★

▶概 要◀　調和振動子では，復元力 (F) が変位 (x) に比例する($F=-k_{\mathrm{f}}x$) というフックの法則に従う．k_{f} は力の定数である．そのポテンシャルエネルギーは $V(x)=\frac{1}{2}k_{\mathrm{f}}x^2$ で表され，変位に対して放物線形をしている．質量 m の粒子からなる調和振動子のエネルギーは量子化されており，次式で表される．

基本式
No.42

$$E_v = \left(v+\frac{1}{2}\right)h\nu \qquad \nu = \frac{1}{2\pi}\left(\frac{k_{\mathrm{f}}}{m}\right)^{1/2} \qquad (v=0,1,2,\cdots)$$

v は振動の量子数である．振動数 (ν) の代わりに角速度 (ω) で表すことも多い．

$$E_v = \left(v+\frac{1}{2}\right)\hbar\omega \qquad \omega = \left(\frac{k_{\mathrm{f}}}{m}\right)^{1/2} \qquad (v=0,1,2,\cdots)$$

▶解 説◀　この場合のシュレーディンガー方程式は，

$$-\frac{\hbar^2}{2m}\frac{\mathrm{d}^2\psi}{\mathrm{d}x^2}+\frac{1}{2}k_{\mathrm{f}}x^2\psi = E\psi$$

で表される．この系では自由粒子のように $V=0$ とできず，しかも $V=\infty$ の壁が存在しているわけでもない．ところで，この二階微分方程式の形そのものは，数学では標準的なものとして，量子力学の出現以前から知られていた．この場合の境界条件は，$x=0$ から大きく変位した両側の遠方で $V=\infty$ であるから，そこで波動関数が 0 というものである．すなわち，$\psi(\pm\infty)=0$ である．こうして得られる波動関数および確率密度とエネルギー準位を図 6・2 に示す．

調和振動子の波動関数の特徴をまとめておこう．まず，エネルギーが最低の波動関数 ($v=0$ に相当) は，ベル形 (e^{-x^2} の形) のガウス関数で表され，これには節がない．また，$x=0$ で存在確率が最大である．$v=1$ の波動関数には $x=0$ に節があり，そのすぐ両側で存在確率が最大である．さらに，高い励起状態ほど波動関数の曲がりは急峻になり，運動エネルギーが大きいことを示している．しかもポテンシャルエネルギーも高くなるから，全エネルギーは大きい．どの波動関数も古典的な振動子では許されない領域まで広がっており（振動の転回点より遠くまで伸び縮みできる），これはトンネル現象による効果である．ただし，v が大きくなって古典的に表せるようになると，転回点での存在確率がますます大きくなることがわかる．一方，エネルギー準位については，$v=0$ が許されるから，取除けない零点エネルギー $E_0=\frac{1}{2}h\nu$ が存在している．また，隣接する準位間のエネルギー差は $h\nu$ で，等間隔のはしご状の準位になっている．

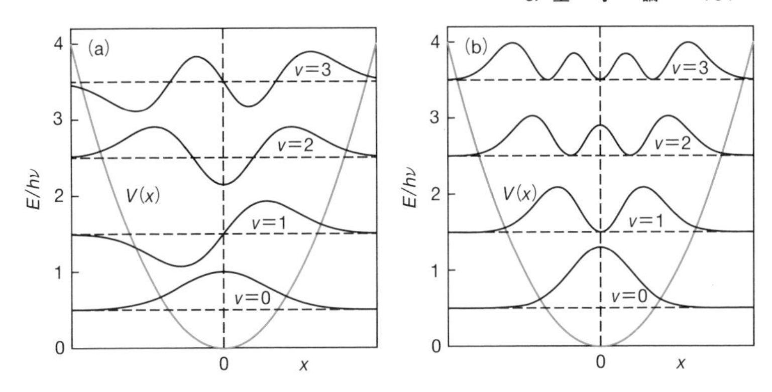

図 6・2　調和振動子の最初の四つのエネルギー準位と対応する（a）波動関数，（b）確率密度．それぞれの縦軸 0 は，対応する各エネルギー準位に合わせてシフトしてある．

▶関連事項◀　調和振動子の波動関数は，三つの因子の積により次式で表される．

$$\psi_v(x) = N_v H_v(y)\, \mathrm{e}^{-y^2/2} \qquad (v = 0, 1, 2, \cdots)$$

N_v は規格化定数，$H_v(y)$ はエルミート多項式，最後はガウス関数である．ただし，

$$y = \frac{x}{\alpha} \qquad \alpha = \left(\frac{\hbar^2}{mk_\mathrm{f}}\right)^{1/4} \qquad N_v = \frac{1}{(\alpha\pi^{1/2}\ 2^v v!)^{1/2}}$$

である．ここで，エルミート多項式はつぎのように与えられている．

$$\begin{aligned}
H_0 &= 1 \\
H_1 &= 2y \\
H_2 &= 4y^2 - 2 \\
H_3 &= 8y^3 - 12y \\
H_4 &= 16y^4 - 48y^2 + 12 \\
H_5 &= 32y^5 - 160y^3 + 120y \\
H_6 &= 64y^6 - 480y^4 + 720y^2 - 120
\end{aligned}$$

これから，$\psi_0, \psi_2, \psi_4, \cdots$ は x について偶関数であり，$\psi_1, \psi_3, \psi_5, \cdots$ は x について奇関数であることがわかる．こうして波動関数が具体的に与えられると，いろいろなオブザーバブルについて期待値を計算することができ（p.91 を見よ），調和振動子ではポテンシャルエネルギーと運動エネルギーの期待値は等しいことが確かめられる．

7. 分　光　学

7・1　リュードベリの式　★★★

▶概要◀　水素原子の発光スペクトルで観測された一連のスペクトル線列（波数$\tilde{\nu}$）は，まとめて次式で表される．

基本式
No.43

$$\tilde{\nu} = R_{\mathrm{H}}\left(\frac{1}{{n_1}^2} - \frac{1}{{n_2}^2}\right) \qquad \begin{matrix}(n_1 = 1, 2, \cdots) \\ (n_2 = n_1+1,\ n_1+2,\ \cdots)\end{matrix}$$

R_{H}を水素原子のリュードベリ定数という．それぞれの線列は，発見者の名前にちなんでライマン系列（$n_1=1$），バルマー系列（$n_1=2$），パッシェン系列（$n_1=3$），ブラケット系列（$n_1=4$），フント系列（$n_1=5$）などという．R_{H}（$=109\,678\ \mathrm{cm}^{-1}$）は基礎物理定数を用いてつぎのように与えられる．

$$R_{\mathrm{H}} = \frac{\mu e^4}{8{\varepsilon_0}^2 h^3 c} \qquad \mu = \frac{m_{\mathrm{e}} m_{\mathrm{p}}}{m_{\mathrm{e}} + m_{\mathrm{p}}}$$

μは水素原子の換算質量，m_{e}とm_{p}はそれぞれ電子とプロトンの質量である．ε_0は真空の誘電率，eは電気素量，hはプランク定数，cは真空中での光速である．

▶解説◀　基礎物理定数の一つ，リュードベリ定数R_∞は上のR_{H}の値と少し異なり，次式で与えられる．

$$R_\infty = \frac{m_{\mathrm{e}} e^4}{8{\varepsilon_0}^2 h^3 c}$$

これは水素型原子で換算質量がm_{e}の場合のリュードベリ定数であり，核の質量が無限大の場合に相当する．$R_\infty = 109\,737.315\,681\,60\ \mathrm{cm}^{-1}$（CODATA 2018の推奨値）である．原子の発光スペクトルに関するリュードベリ-リッツの結合原理によれば，任意の二つのスペクトル線の波数の和または差は，他のスペクトル線の波数を表している．彼らの研究は量子論が誕生する以前に行われたもので，未知のスペクトル線の予測に威力を発揮した．いまでも原子のスペクトル線の同定に利用されている．

▶関連事項◀　ここでは前期量子論（p.80を見よ）の考えに基づき，ボーア理論から水素原子のエネルギー準位を求め，それからリュードベリの式を導こう．

ラザフォードの有核モデルによれば，水素原子は中心にある電荷$+e$を帯びた質量の大きな核（プロトン）と，その外側にある電荷$-e$の電子1個からなる．核は固定されていて，そのまわりを電子が回転していると考えられた．このとき，電子を円軌道に保持する力（f）はプロトンと電子の間に働くクーロン引力に由来する．

$$f = \frac{e^2}{4\pi\varepsilon_0 r^2}$$

r は電子の軌道半径である．このクーロン力はつぎの遠心力と釣り合っている．

$$f = \frac{m_e v^2}{r}$$

v は電子の速度である．そこで，

$$\frac{e^2}{4\pi\varepsilon_0 r^2} = \frac{m_e v^2}{r}$$

である．このように円軌道を回っている電子は常に加速されているから，古典物理学によれば電磁放射線を放出しながらエネルギーを失うはずである．しかし，ボーアの原子模型では，このような非古典的な仮定をあえてもち込んで，定常的な電子軌道が存在するとした．さらに，電子が周回したときに波長が合わなければならないと仮定して（のちのドブローイ波，$\lambda = h/mv$），つぎのボーアの量子条件が導入された．

$$2\pi r = n\lambda \qquad (n = 1, 2, 3, \cdots)$$

すなわち，

$$L = m_e vr = \frac{nh}{2\pi} = n\hbar \qquad (n = 1, 2, 3, \cdots)$$

である．これによって電子の角運動量（L）が量子化された．そこで，この v を力の釣り合いで求めた式に代入すれば，軌道半径が求められる．

$$r = \frac{\varepsilon_0 h^2 n^2}{\pi m_e e^2} = \frac{4\pi\varepsilon_0 \hbar^2 n^2}{m_e e^2}$$

最小の軌道半径は $n=1$ で得られ，これをボーア半径（$a_0 = 52.92$ pm）という．

こうして求めた r や v から原子内の電子の全エネルギー（E）が求められる．まず，ポテンシャルエネルギー（$E_p = V$）はクーロンの法則で求められる．

$$E_p = V(r) = -\frac{e^2}{4\pi\varepsilon_0 r}$$

一方，運動エネルギー（E_k）は，

$$E_k = \frac{1}{2} m_e v^2 = \frac{1}{2}\left(\frac{e^2}{4\pi\varepsilon_0 r}\right)$$

であるから，

$$E = E_p + E_k = -\frac{e^2}{8\pi\varepsilon_0 r}$$

である．これに半径の式を代入すれば，

$$E_n = -\frac{m_e e^4}{8{\varepsilon_0}^2 h^2} \frac{1}{n^2} \qquad (n = 1, 2, \cdots)$$

となり，これでエネルギーの量子化が示される．最低のエネルギー状態（基底エネルギー状態）は $n=1$ に相当している．エネルギーの高い状態は励起状態である．ここでボーアは，水素原子で観測される発光スペクトルは，ある許容エネルギー状態から別の許容エネルギー状態への遷移であると仮定した．すなわち，両者のエネルギー差は次式で表されると予測した．

$$\Delta E = \frac{m_e e^4}{8\varepsilon_0{}^2 h^2}\left(\frac{1}{n_1{}^2} - \frac{1}{n_2{}^2}\right) = h\nu$$

これがボーアの振動数条件である．これを波数で表せば，

$$\Delta E = hc\tilde{\nu}$$

となる．リュードベリの式の形に整理すれば，

$$\tilde{\nu} = \frac{m_e e^4}{8\varepsilon_0{}^2 h^3 c}\left(\frac{1}{n_1{}^2} - \frac{1}{n_2{}^2}\right)$$

が得られる．このときのリュードベリ定数は，

$$R_\infty = \frac{m_e e^4}{8\varepsilon_0{}^2 h^3 c}$$

である．このモデルでは核を固定して考えたから，R_∞ なのである．

7・2　水素原子のオービタル　★★★

▶概要◀ 水素型原子の電子の波動関数（原子オービタル）$\psi(r,\theta,\phi)$ は，動径波動関数 $R(r)$ と方位波動関数 $Y(\theta,\phi)$ の積で表される．$Y(\theta,\phi)$ は球面調和関数（p.99 を見よ）である．

基本式
No.44

$$\psi_{n,l,m_l}(r,\theta,\phi) = R_{n,l}(r) \times Y_{l,m_l}(\theta,\phi)$$

n, l, m_l は，それぞれ主量子数，オービタル角運動量量子数，磁気量子数である．具体例として，水素原子の 1s オービタル（$n=1$, $l=0$, $m_l=0$）は次式で表される．

$$\psi_{1s} = R_{1,0} \times Y_{0,0} = 2\left(\frac{1}{a_0}\right)^{3/2} e^{-r/a_0} \times \frac{1}{2\pi^{1/2}} = \frac{1}{(\pi a_0{}^3)^{1/2}} e^{-r/a_0}$$

$$\text{ここで，}\quad a_0 = \frac{4\pi\varepsilon_0\hbar^2}{m_e e^2}$$

a_0 はボーア半径である（p.105 を見よ）．

▶解説◀ ボーア理論で求めた水素型原子のエネルギー準位については，シュレーディンガー自身がシュレーディンガー方程式を解いて，同じ結果が導かれている．このときの波動関数が受け入れられるための境界条件は，球面上の粒子の場合に考えた 2 個に加えて，無限遠で波動関数が 0 に減衰していることである．すなわち，波動関数は 3 個の量子数（n, l, m_l）で表される．ただし，動径波動関数の形は，n と l が与えられれば m_l の値にかかわらず同じである．また，方位波動関数の形は，l と m_l が与えられれば n の値にかかわらず同じである．一方，オービタルのエネルギーについては，水素型原子の場合だけは主量子数 n だけで決まり，l や m_l の値が違っても同じエネルギーであるから準位に縮退が見られる．これはクーロンポテンシャルが中心対称をもつから起こることで，2 個以上の電子から成る多電子原子では縮退の一部は失われることになる．

最も単純な水素原子の 1s オービタルの特徴をまとめておこう．その方位波動関数 $Y_{0,0}$ は角度によらず定数であるから，1s オービタルは球対称であり，波動関数は全体として e^{-r} に比例している．また，上の式は規格化されているから確率密度は，

$$\psi_{1s}{}^2 = \frac{1}{\pi a_0{}^3} e^{-2r/a_0}$$

で表される．すなわち，波動関数が（したがって確率密度も）核の位置（$r=0$）

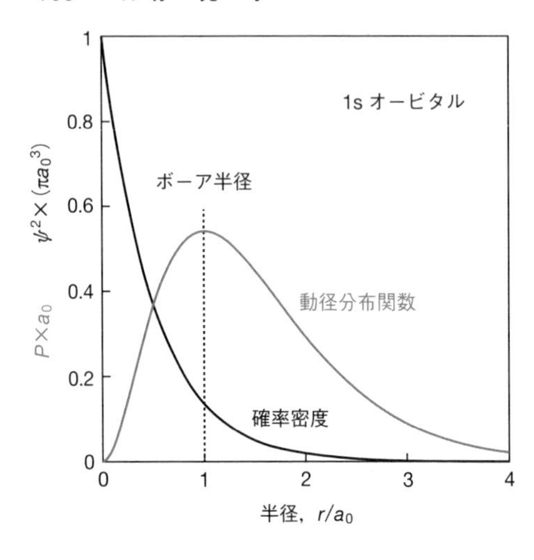

図 7·1　水素原子の 1s オービタルの確率密度と動径分布関数の動径方向の変化．確率密度は核の位置で最大であり，これに対して動径分布関数はボーア半径で極大を示す．

で最大で，そこから指数関数的に減少することを示している（図 7·1）．これは s オービタルに共通の性質であり，それ以外のオービタル（$l \neq 0$）では核の位置で 0 である．これとはべつに，核からの距離だけを指定して，方位を問わずに電子を見いだす確率を知りたい場合は，つぎの動径分布関数（P）を求める必要がある．

$$P(r) = 4\pi r^2 \psi^2$$

水素原子の 1s オービタルでは，

$$P(r) = 4\left(\frac{1}{a_0}\right)^3 r^2\, \mathrm{e}^{-2r/a_0}$$

である．その導関数が 0 になる r の値を求めれば，1s オービタルの動径分布関数の極大がボーア半径（a_0）にあることがわかる（図 7·1）．

▶関連事項◀　水素原子のオービタルの方位波動関数は球面調和関数で表されるから，ここでは動径波動関数 $R_{n,l}(r)$ に注目しよう．1s, 2s, 2p, 3s, 3p, 3d については順に次式で表される．

$$R_{1,0} = 2\left(\frac{1}{a_0}\right)^{3/2} \mathrm{e}^{-r/a_0}$$

$$R_{2,0} = \frac{1}{8^{1/2}}\left(\frac{1}{a_0}\right)^{3/2}\left(2-\frac{r}{a_0}\right) \mathrm{e}^{-r/(2a_0)}$$

$$R_{2,1} = \frac{1}{24^{1/2}}\left(\frac{1}{a_0}\right)^{3/2}\left(\frac{r}{a_0}\right) \mathrm{e}^{-r/(2a_0)}$$

$$R_{3,0} = \frac{2}{243^{1/2}}\left(\frac{1}{a_0}\right)^{3/2}\left(3-\frac{2r}{a_0}+\frac{2r^2}{9a_0{}^2}\right)\mathrm{e}^{-r/(3a_0)}$$

$$R_{3,1} = \frac{2}{486^{1/2}}\left(\frac{1}{a_0}\right)^{3/2}\left(\frac{2r}{3a_0}\right)\left(2-\frac{r}{3a_0}\right)\mathrm{e}^{-r/(3a_0)}$$

$$R_{3,2} = \frac{1}{2430^{1/2}}\left(\frac{1}{a_0}\right)^{3/2}\left(\frac{2r}{3a_0}\right)^2\mathrm{e}^{-r/(3a_0)}$$

ここで，球対称でないオービタルにも使える一般的な動径分布関数の式として，

$$P(r) = r^2R(r)^2$$

を定義しておこう（1s オービタルについての上の式と矛盾はしない）．図 7·2 に水素原子のオービタルの動径分布関数をプロットしてある．動径節は（$n-l-1$）個あるから，それに応じて動径分布関数が 0 になっている．

水素型原子で，量子数 n と l で表されるオービタルの電子について，核からの平均距離は次式で表される．

$$\langle r\rangle = \frac{n^2a_0}{Z}\left[1+\frac{1}{2}\left\{1-\frac{l(l+1)}{n^2}\right\}\right]$$

これからわかるように，核からの平均距離は n^2 で増加する．一方，核の電荷が増加するにつれ電子は核の近くに引き寄せられるから，Z とともに減少する．また，l の大きなオービタルほど平均として核に近いところにあることもわかる．たとえば，$n = 3$ のオービタルでは，$\langle r\rangle = 27a_0/(2Z)$（$l=0$ のとき），$25a_0/(2Z)$（$l=1$ のとき），$21a_0/(2Z)$（$l=2$ のとき）である．ところが，多電子原子で問題になることだが，これとは逆に l の小さなオービタルほど核に近いところに見いだされる確率が大きい．たとえば s 電子は同じ殻の p 電子より内殻に浸透しているから遮蔽を受けにくく，比較的強く核に束縛されている．

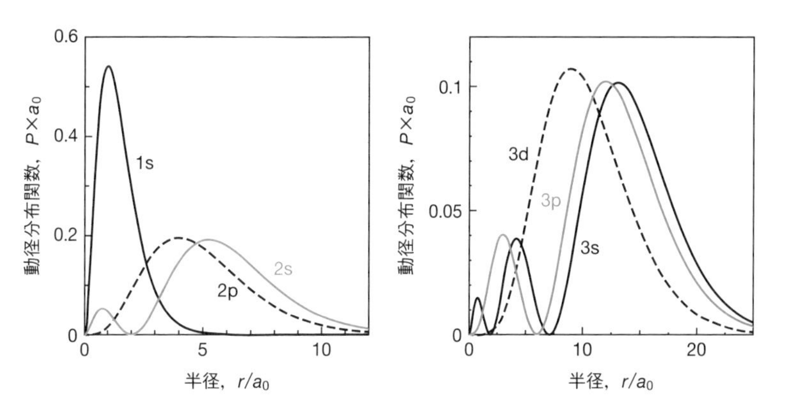

図 7·2　水素原子のオービタルの動径分布関数．縦軸は $r^2R^2a_0$ である．

7・3 ベール–ランベルトの法則 ★★

▶概要◀ 電磁放射線（光）が吸収体試料を通過したとき，その前後での強度変化は次式で表される．

基本式
No.45

$$I = I_0 \times 10^{-\varepsilon[\mathrm{J}]L}$$

I_0 と I は特定の振動数（または波長や波数）の入射放射線と透過放射線の強度，[J] は吸収物質 J のモル濃度，ε はそのモル吸収係数，L は試料の経路長である．よく用いられる吸光度 A と透過率 T は，それぞれつぎのように定義されている．

$$A = \log_{10}\frac{I_0}{I} \qquad T = \frac{I}{I_0} \qquad \text{すなわち，} \quad A = -\log_{10} T$$

そこで，これらを用いてベール–ランベルトの法則を表せば，

$$A = \varepsilon[\mathrm{J}]L \qquad T = 10^{-\varepsilon[\mathrm{J}]L}$$

となる．

▶解説◀ この法則は実験で見いだされたもので，実用的である．常用対数で表されていることに注意しよう．その内容は簡単に理解できるだろう．可視光の吸収に限らず電磁波全般の吸収現象について，以下でその機構を理解しておくとよい．

▶関連事項◀ 吸収分光法で観測される信号は正味の吸収であり，アインシュタインによれば 2 状態間の遷移頻度には三つの寄与がある（図 7･3）．そのうち誘導吸収と誘導放出は，低エネルギー（E）の状態と高エネルギー（E'）状態の

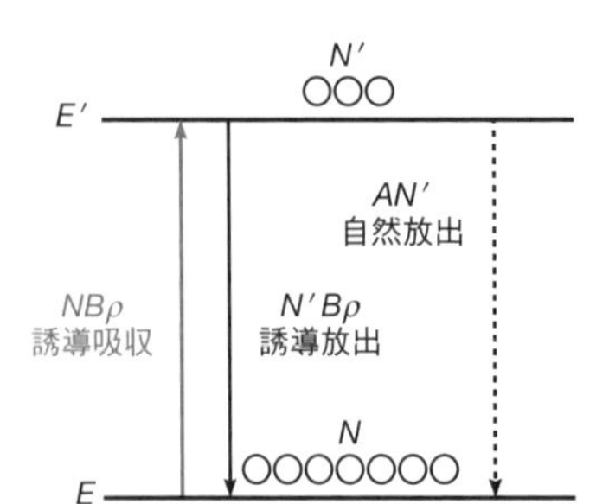

図 7･3 吸収強度に関与する事象．2 準位系での誘導吸収と誘導放出，自然放出の遷移頻度を示してある．熱平衡状態での占有数の比（N'/N）は，ボルツマン分布によって，エネルギー差（$E'-E=h\nu$）と熱力学温度の比で決まる．

差に相当する遷移振動数（$E'-E=h\nu$）の電磁場によって駆動される．その遷移頻度は次式で表される．

$$\text{誘導吸収の頻度} = NB\rho(\nu) \qquad \text{誘導放出の頻度} = N'B\rho(\nu)$$

N は低い状態の分子数，N' は励起状態の分子数，定数 B はアインシュタインの B 係数である．B の値は遷移双極子モーメントの大きさで決まり，その値が大きい試料ほど強い吸収を示す．また，$\rho(\nu)$ は遷移振動数 ν の放射線のエネルギー密度であり，黒体放射のプランク分布を表す次式で与えられる（p.80 を見よ）．

$$\rho(\nu) = \frac{8\pi h}{c^3}\frac{\nu^3}{e^{h\nu/kT}-1}$$

一方，アインシュタインは第三の寄与として，遷移振動数の放射線強度と無関係な頻度で自然放出を起こすことができると考えた．そこで，放出の全頻度はつぎのように表せる．

$$\text{放出の全頻度} = N'\{A + B\rho(\nu)\}$$

定数 A はアインシュタインの A 係数である（吸光度の A と混同しないようにしよう）．アインシュタインの A 係数と B 係数にはつぎの関係があるから，遷移振動数が高くなれば（短波長ほど）自然放出の寄与は無視できなくなる．

$$A = \left(\frac{8\pi h\nu^3}{c^3}\right)B$$

一方，熱平衡における二つの状態の占有数の比はボルツマン分布（p.136 を見よ）で与えられ，

$$\frac{N'}{N} = e^{-h\nu/kT}$$

と表される．そこで，温度が低かったり，エネルギー間隔が大きかったりすれば励起状態の数は少ない．逆に，エネルギー間隔が小さければ A 係数は無視できて，正味の吸収頻度は次式で表される．

$$\text{正味の吸収頻度} = (N-N')B\rho(\nu) = NB\rho(\nu)(1-e^{-h\nu/kT})$$

励起振動数がラジオ波やマイクロ波の領域にある磁気共鳴では，エネルギー間隔が小さいから，わずかな励起によって吸収の飽和が容易に起こるという問題が生じる（p.118 を見よ）．

7・4　分子の回転エネルギー準位　★★★

概要　直線形分子の回転エネルギー準位は，

基本式
No.46

$$E_J = hBJ(J+1) \qquad (J = 0, 1, 2, \cdots)$$

で表される．Jは回転量子数である．定数Bは注目する分子の回転定数であり，

$$B = \frac{\hbar}{4\pi I}$$

である．Iはその分子の慣性モーメントであり，構成する各原子の質量（m_i）と分子の回転軸からの垂直距離（r_i）を用いて次式で表される．

$$I = \sum_i m_i r_i^2$$

このときの各準位の縮退度は$2J+1$である．

解説　ここで考えるのは気体中などで自由に回転する直線形分子であり，エネルギーには運動エネルギーしか寄与しない．そこで，分子軸の方向を角度θとϕで表せば，振動運動から分離できるという仮定のもとに，球面調和関数$Y_{J,M_J}(\theta,\phi)$を用いて（p.99を見よ）回転の波動関数$\psi_r(\theta,\phi)$を表すことができる．ここで，オービタル角運動量を表すときは量子数lを使うが，回転分子を扱うときには回転量子数としてJを用いる．分子が極性で外部電場が存在すれば外力が働くから，外部軸への射影を表す量子数$M_J(=0, \pm1, \cdots, \pm J)$にもエネルギーは依存する（シュタルク効果）．しかし，そうでない限り各準位は縮退しており，縮退度は$2J+1$である．こうして正面から量子力学的に扱うのもよいが，エネルギー準位を表す式を導出するには，古典的な描像からはじめ，それを量子力学的な表し方に移行するのが簡単である．

直線形分子ではz軸として分子軸をとるのがふつうであり，これに垂直なx軸とy軸のまわりの回転を考える．ただし，直線形分子ではx軸とy軸のまわりの慣性モーメントは同じで，z軸のまわりの慣性モーメントは0である．そこで，回転の全エネルギーは角速度（ω）を用いて，

$$E = \frac{1}{2}I\omega_x^2 + \frac{1}{2}I\omega_y^2$$

で表せる．角運動量（$\mathcal{J} = I\omega$）を使ってこれを表せば，

$$E = \frac{\mathcal{J}_x^2}{2I} + \frac{\mathcal{J}_y^2}{2I} = \frac{\mathcal{J}^2}{2I}$$

となる．$\mathcal{J}$は全角運動量である．量子力学によれば，量子数 $J=0, 1, 2, \cdots$として，角運動量の2乗は $J(J+1)\hbar^2$ で表されるから（p.97を見よ），直線形分子のエネルギーを表す量子力学の式は，

$$E_J = J(J+1)\frac{\hbar^2}{2I} = hBJ(J+1) \qquad \text{ここで，} \quad B = \frac{\hbar}{4\pi I}$$

となる．ここでのBは“振動数”で表したものであるが，教科書によっては換算プランク定数を用いない表し方（$B = h/8\pi^2 I$）もある．あるいは，“エネルギー”で表したもの（$B = h^2/8\pi^2 I$ や $B = \hbar^2/2I$），“波数”で表したもの（$\tilde{B} = h/8\pi^2 cI$ や $\tilde{B} = \hbar/4\pi cI$）などもある．それぞれに応じて回転エネルギー準位の表し方が異なるから注意が必要である．いずれにしても最低エネルギーは0であり，零点エネルギーが存在しない．一方，分子が剛体回転子とみなせないときは，つぎのように追加項で遠心歪みを取入れる必要がある．

$$E_J = hBJ(J+1) - hDJ^2(J+1)^2$$

Dは遠心歪み定数である．

非直線形分子は，三つの軸のまわりで回転できる．そのうち対称回転子（3回対称軸またはそれ以上の高い対称軸をもつ分子）では，分子軸に垂直な慣性モーメント（$I_\perp$）が2軸のまわりで等しく，分子軸に平行な第3の軸のまわり（$I_\parallel$）ではこれと値が異なる（どちらも0でない）．この場合も古典的な式を書くことから始める．

$$E = \frac{\mathcal{J}_x^2}{2I_\perp} + \frac{\mathcal{J}_y^2}{2I_\perp} + \frac{\mathcal{J}_z^2}{2I_\parallel} = \frac{1}{2I_\perp}(\mathcal{J}_x^2 + \mathcal{J}_y^2) + \frac{\mathcal{J}_z^2}{2I_\parallel}$$

ここで，$\mathcal{J}^2 = \mathcal{J}_x^2 + \mathcal{J}_y^2 + \mathcal{J}_z^2$ を用いて，量子力学で扱いやすい式に変形すれば，

$$E = \frac{1}{2I_\perp}(\mathcal{J}^2 - \mathcal{J}_z^2) + \frac{\mathcal{J}_z^2}{2I_\parallel} = \frac{\mathcal{J}^2}{2I_\perp} + \left(\frac{1}{2I_\parallel} - \frac{1}{2I_\perp}\right)\mathcal{J}_z^2$$

となる．量子力学によれば，この場合も角運動量の2乗は$J(J+1)\hbar^2$で表され，任意の成分（たとえば$\mathcal{J}_z$）の値は$K\hbar$に限られる．ここで，Kは分子主軸上の成分を表す量子数であり，$K = 0, \pm 1, \cdots, \pm J$ である（直線形分子では$K=0$）．したがって，対称回転子の回転エネルギーを表す量子力学的な式は，

$$E_{J,K} = \frac{J(J+1)\hbar^2}{2I_\perp} + \left(\frac{1}{2I_\parallel} - \frac{1}{2I_\perp}\right)K^2\hbar^2$$

となる．これを整理すれば次式で表される．

$$E_{J,K} = hBJ(J+1) + h(A-B)K^2 \qquad (J = 0, 1, 2, \cdots) \quad (K = 0, \pm 1, \cdots, \pm J)$$

$$\text{ここで，} \quad A = \frac{\hbar}{4\pi I_\parallel}, \quad B = \frac{\hbar}{4\pi I_\perp}$$

回転定数AとBは，それぞれ分子軸に平行な慣性モーメントと垂直な慣性モーメントに反比例している．この場合も回転準位はM_Jによらないから，$K=0$の

準位の縮退度は $2J+1$ である．また，回転準位は K の符号にもよらないから，$K \neq 0$ の縮退度は $2(2J+1)$ である．なお，球対称回転子として扱える分子では $A=B$ となるから，直線形分子のエネルギー準位と同じ式で表される．ただし，このときの回転準位は M_J について $2J+1$ 重，K についても $2J+1$ 重に縮退しているから，全体としての縮退度は $(2J+1)^2$ となる．

▶関連事項◀　対称的な分子（H_2 や CO_2 など）では，$J=0,1,2,\cdots$ というすべての回転状態が許されるわけではない．それはパウリの原理（電子におけるパウリの排他原理を一般化したもの）による．すなわち，互いに区別のつかないフェルミ粒子の任意の2個のラベルを交換すれば，その全波動関数は符号を変えなければならない．一方，互いに区別のつかないボース粒子の任意の2個のラベルを交換しても，その全波動関数の符号は同じである．ここで，フェルミ粒子は半整数スピンをもつ粒子であり，ボース粒子は0を含む整数のスピンをもつ粒子である．^{16}O や ^{12}C の核スピンは0であり，^{1}H の核スピンは $\frac{1}{2}$，^{14}N の核スピンは1である．したがって，区別のつかない粒子AとBがあるとき，スピンを含む全波動関数を ψ とすれば，

$$\text{フェルミ粒子ならば：}\quad \psi(\mathrm{B,A}) = -\psi(\mathrm{A,B})$$
$$\text{ボース粒子ならば：}\quad \psi(\mathrm{B,A}) = \psi(\mathrm{A,B})$$

を満たさなければならない．これを分子の回転運動に適用したのが核統計であり，対称的な分子の特定の回転状態と核スピンの関係を表している．

たとえば，$^{16}O^{12}C^{16}O$ の CO_2 分子では，180° 回転すると2個のO原子が交換されるが，これはボース粒子の交換に相当するから，これによって波動関数が変化してはならない．ここで，$J=0,2,\cdots$ の波動関数は180° 回転で不変であるが，$J=1,3,\cdots$ の波動関数では符号が変わる．すなわち，CO_2 分子は $J=0,2,\cdots$ の回転状態でしか存在できない．

水素分子（$^{1}H^{1}H$）では少し複雑であるが，回転エネルギー準位の間隔が大きいから極低温で劇的な現象が見られる．核スピンが平行なオルト水素は3種の（対称的な）核スピン状態をもち，それは奇数の J の準位に対応している．一方，反平行なスピン対のパラ水素は1種の（反対称的な）核スピン状態で，それは偶数の J の準位に対応している．したがって，無限大温度（室温）では，奇数の J の準位（オルト水素）は偶数の J の準位（パラ水素）の3倍多く存在している（これを通常水素という）．ところで，磁性触媒がない限り両者の間の転換は非常に遅いから，液体水素となる極低温でもこの比率がほぼ保たれたままである．一方，平衡水素では，その温度でほぼパラ水素の $J=0$ の状態にあるから，通常水素の液体に触媒を投入すると一気にスピン転換が起こる．そのときに放出されるエネルギーは自身を全部蒸発させてしまうから，この現象は実用的にも重要であり，注意が必要である．

7・5 分子の振動エネルギー準位 ★

▶概要◀ 分子の基準振動モードを調和振動子で表せるとすれば，そのエネルギー準位は次式で与えられる．

基本式

No.47
$$E_v = \left(v + \frac{1}{2}\right)h\nu = \left(v + \frac{1}{2}\right)hc\tilde{\nu} \qquad \nu = \frac{1}{2\pi}\left(\frac{k_f}{\mu}\right) \quad (v = 0, 1, 2, \cdots)$$

すなわち，バネに繋がれた粒子の場合と同じ形の式で表すには，質量（m）の代わりに実効質量（μ）を用いる必要がある．二原子分子 AB の伸縮振動モードでは，関与する実効質量は換算質量に等しいから，

$$\mu = \frac{m_A m_B}{m_A + m_B}$$

とできる．一般には，振動モードによって異なる実効質量が関与する．

▶解説◀ 直線形の N 原子分子では（$3N-5$）個の振動モードがあり，非直線形分子では（$3N-6$）個である．また，振動遷移の個別選択率は $\Delta v = \pm 1$ である．ただし，調和近似で表せない場合は，

$$E_v = \left(v + \frac{1}{2}\right)hc\tilde{\nu} - \left(v + \frac{1}{2}\right)^2 hc\tilde{\nu}x_e + \cdots$$

として非調和性を表す．x_e は非調和性定数である．振動に非調和性があれば，$\Delta v = \pm 1$ の基本振動に加え，弱い倍音が観測されることがある．同じことは振動ラマン遷移でもいえる．

気相分子の振動スペクトルは複雑な構造（バンド構造）を伴う．それは，振動励起と同時に回転の励起も起こるからである．その場合は振動回転エネルギー準位を，

$$E_{v,J} = \left(v + \frac{1}{2}\right)hc\tilde{\nu} + hc\tilde{B}J(J + 1)$$

と表しておく（$\tilde{B}$ の定義については p.113 を見よ）．これによって，たとえば $\Delta v = 1$ の吸収スペクトルに分枝が現れる．

$$\begin{array}{lll} \text{P 枝の遷移：} & \Delta J = -1; & \tilde{\nu}_J = \tilde{\nu} - 2\tilde{B}J \\ \text{Q 枝の遷移：} & \Delta J = 0; & \tilde{\nu}_J = \tilde{\nu} \\ \text{R 枝の遷移：} & \Delta J = +1; & \tilde{\nu}_J = \tilde{\nu} + 2\tilde{B}J \end{array}$$

ただし，分子によって Q 枝がいつも現れるとは限らない．

7・6 シュテルン-フォルマーの式 ★

▶概要◀ 蛍光の量子収量（ϕ）について，消光剤Qが存在しないとき（$\phi_{F,0}$）と，モル濃度［Q］で存在するとき（ϕ_F）の比は次式で表される．

基本式 No.48

$$\frac{\phi_{F,0}}{\phi_F} = 1 + \tau_0 k_Q [Q]$$

τ_0 は消光剤が存在しないときに求めた励起一重項状態の蛍光寿命，k_Q は消光の速度定数である．

▶解説◀ 化学種Sが放射線を吸収して励起一重項状態（S^*）が生成すれば，特別な化学反応によって消滅しない場合でも，蛍光を発するか，系間交差（ISC）によるか，内部転換（IC）によるか，いずれかによって失活する．

吸収（光励起）:	$S + h\nu_i \longrightarrow S^*$	速度 $= I_{abs}$
蛍光:	$S^* \longrightarrow S + h\nu_F$	速度 $= k_F [S^*]$
系間交差:	$S^* \longrightarrow T^*$	速度 $= k_{ISC} [S^*]$
内部転換:	$S^* \longrightarrow S$	速度 $= k_{IC} [S^*]$

I_{abs} はSによる光吸収の強度を表し，フォトン吸収の速度に等しい．T^* は励起三重項状態，$h\nu_i$ と $h\nu_F$ は入射フォトンと蛍光フォトンのエネルギーである．消光剤を添加すれば S^* が失活する別の道が開ける．その機構として衝突失活や電子移動，共鳴エネルギー移動などがある．

消光: $S^* + Q \longrightarrow S + Q$ 速度 $= k_Q [Q] [S^*]$

ここで，蛍光の量子収量をつぎのように定義して速度論的な解析を行い，消光の速度定数（k_Q）を求めよう．

$$\phi = \frac{\text{蛍光を生じる頻度}}{\text{フォトンを吸収する頻度}} = \frac{k_F [S^*]}{I_{abs}}$$

まず，消光剤がないとき，励起放射線の照射を止めた後の S^* の減衰速度は，

$$S^* \text{の減衰速度} = k_F[S^*] + k_{ISC}[S^*] + k_{IC}[S^*] = (k_F + k_{ISC} + k_{IC})[S^*]$$

と表せる．同様にして，消光剤があれば，

$$\mathrm{S}^* \text{の減衰速度} = (k_\mathrm{F} + k_\mathrm{ISC} + k_\mathrm{IC} + k_\mathrm{Q}[\mathrm{Q}])[\mathrm{S}^*]$$

である．いずれにせよ，この励起状態は1次過程で減衰するから，$[\mathrm{S}^*]$ の時間変化は，

$$[\mathrm{S}^*]_t = [\mathrm{S}^*]_0 \, \mathrm{e}^{-t/\tau}$$

と表せる．この蛍光寿命 τ はレーザーパルス法で測定することができる．また，

$$\tau_0 = \frac{1}{k_\mathrm{F} + k_\mathrm{ISC} + k_\mathrm{IC}} \quad \text{（消光剤なし）}$$

$$\tau = \frac{1}{k_\mathrm{F} + k_\mathrm{ISC} + k_\mathrm{IC} + k_\mathrm{Q}[\mathrm{Q}]} \quad \text{（消光剤あり）}$$

である．ここで，S^*を反応中間体とみなし，それが希薄であるという理由で，$[\mathrm{S}^*]$ を一定とおく定常状態の近似を課す．たとえば，消光剤がない場合であれば，

$$[\mathrm{S}^*] \text{の変化速度} = I_\mathrm{abs} - (k_\mathrm{F} + k_\mathrm{ISC} + k_\mathrm{IC})[\mathrm{S}^*] = 0$$

とする．そうすれば，蛍光の量子収量は，

$$\phi_\mathrm{F,0} = \frac{k_\mathrm{F}}{k_\mathrm{F} + k_\mathrm{ISC} + k_\mathrm{IC}} \quad \text{（消光剤なし）}$$

$$\phi_\mathrm{F} = \frac{k_\mathrm{F}}{k_\mathrm{F} + k_\mathrm{ISC} + k_\mathrm{IC} + k_\mathrm{Q}[\mathrm{Q}]} \quad \text{（消光剤あり）}$$

と表せる．一方，上の τ と ϕ の関係から，

$$k_\mathrm{F} = \frac{\phi_\mathrm{F,0}}{\tau_0} = \frac{\phi_\mathrm{F}}{\tau}$$

である．そこで，二つの蛍光量子収量の比を求めれば，

$$\frac{\phi_\mathrm{F,0}}{\phi_\mathrm{F}} = 1 + \tau_0 k_\mathrm{Q}[\mathrm{Q}] \qquad \text{あるいは} \qquad \frac{1}{\tau} = \frac{1}{\tau_0} + k_\mathrm{Q}[\mathrm{Q}]$$

が得られる．すなわち，消光剤がある場合とない場合で蛍光量子収量を測定し，その比を $[\mathrm{Q}]$ に対してプロットすれば（シュテルン-フォルマーのプロットという）$\tau_0 k_\mathrm{Q}$ が求められる．あるいは，蛍光寿命を測定して，その逆数を $[\mathrm{Q}]$ に対してプロットすれば k_Q を求めることができる．なお，同じ解析はりん光についても行える．

7・7　磁場中の原子核のエネルギー　★★

▶概要◀　原子核（正に帯電している）のうち，核スピン量子数（I）が0でない核種は磁気モーメントをもつから，外部磁場（$\mathcal{B}_0$）があれば $2I+1$ 通りの配向をとれる．その配向は磁気量子数（m_I）で決まり，これによる核のエネルギー（E_{m_I}）はつぎの式で表される．

基本式
No.49

$$E_{m_I} = -\gamma_N \hbar \mathcal{B}_0 m_I$$

γ_N は注目する核の磁気回転比（磁気モーメントの角運動量に対する比）である．その核の g 因子（g_I）と核磁子（μ_N）を用いて，つぎのように表すこともある．

$$E_{m_I} = -g_I \mu_N \mathcal{B}_0 m_I \qquad \text{ここで，} \quad g_I = \frac{\gamma_N \hbar}{\mu_N},\ \mu_N = \frac{e\hbar}{2m_p}$$

m_p はプロトンの質量，e は電気素量である．

▶解説◀　この分野では，いろいろな用語を用いて異なる表現をしている場合があり，教科書によって記号の表し方も異なるので混同しないように注意が必要である．

原子番号と質量数の少なくとも一方が奇数の原子核はスピン角運動量をもち（これを磁性核という），核スピン量子数（$\frac{1}{2}$ の整数倍）が0でなく，したがって磁気（双極子）モーメントをもつ．ところで，スピン角運動量の量子力学演算子は，オービタル角運動量と同じ交換関係をもつから，同時に知ることができるのは核スピン角運動量の大きさ（$\sqrt{I(I+1)}\,\hbar$）とその成分の一つ（z 成分 $m_I\hbar$）である．ここで，$m_I = I,\ I-1,\ \cdots,\ -I$ である．この核に磁場（静磁場という）をかけると，その磁気モーメントは磁場ベクトルのまわりを一定の振動数（ラーモア振動数）で歳差運動をする（x 成分と y 成分は不確定なままで回転運動をする）．そこで，これと振動数が等しい振動磁場（回転磁場という）をかけると，磁場と核の相互作用により共鳴吸収が起こる．このとき，静磁場中に置かれた核は $2I+1$ 個のエネルギー状態に分裂しており（ゼーマン効果という），その間のエネルギー差は磁場の強度に比例している．すなわち，静磁場が強いほどエネルギー差は大きく（共鳴振動数も高い），ボルツマン分布（p.136を見よ）による状態間の占有数の差も大きいから，吸収の飽和も起こりにくい．あとで示すが，このときの占有数の差も磁場の強度に比例するから，全体としての遷移強度は外部磁場の強さの2乗に比例する．これが核磁気共鳴（NMR）の基本原理である．

つぎに具体例を示そう．^{1}H や ^{13}C（どちらも $I=\frac{1}{2}$）などでは $\gamma_N > 0$ であり，

α状態（$m_I = +\frac{1}{2}$，↑で表す）のエネルギーがβ状態（$m_I = -\frac{1}{2}$，↓で表す）よりも低い．その2状態のエネルギー間隔は，

$$\Delta E = E_\beta - E_\alpha = \gamma_N \hbar \mathcal{B}_0$$

であるから，共鳴振動数は，

$$\nu = \frac{\gamma_N \mathcal{B}_0}{2\pi}$$

である．一方，α状態とβ状態の熱平衡状態における占有数 N_α と N_β の比は，ボルツマン分布でつぎのように表される．

$$\frac{N_\beta}{N_\alpha} = e^{-\Delta E/kT} = e^{-\gamma_N \hbar \mathcal{B}_0/kT}$$

実際には，$\Delta E \ll kT$ であるから，

$$\frac{N_\beta}{N_\alpha} \approx 1 - \frac{\gamma_N \hbar \mathcal{B}_0}{kT}$$

とすることができる．そこで，

$$\frac{N_\alpha - N_\beta}{N} = \frac{N_\alpha - N_\beta}{N_\alpha + N_\beta} = \frac{1 - N_\beta/N_\alpha}{1 + N_\beta/N_\alpha} \approx \frac{\gamma_N \hbar \mathcal{B}_0}{2kT}$$

となり，占有数の差は，

$$N_\alpha - N_\beta \approx \frac{N \gamma_N \hbar \mathcal{B}_0}{2kT}$$

で表される．N はスピンの総数である．ここで，遷移強度は ΔE（したがって，磁場の強さ）だけでなく占有数の差にも比例する．すなわち，全体として遷移強度は $\mathcal{B}_0{}^2/T$ に比例することになり，強い外部磁場を用いて低温で測定すれば強い吸収が得られることがわかる．

▶関連事項◀ 共鳴振動数は，核の置かれた局部的な磁気環境がわずかでも違えば異なる（化学シフト）から，これを利用して構造に関する知見が得られる．あるいは，さらに分裂して微細構造を生じれば（スピン-スピンカップリング），その結合定数から化学結合に関する知見が得られる．そのために必要なスペクトルの分解能は，静磁場が強いほどよくなる．一方，いまのNMR法はパルス法を用いており，あらゆる振動数成分を含むラジオ波パルスを当てて，観測された信号をフーリエ変換法で処理することにより効率よくスペクトルを得ている（フーリエ変換NMR）．また，緩和現象を利用して分子の運動状態に関する知見を得ることもできる．この場合もパルス系列の違いによって異なる情報が得られる．さらに，積算処理などにより信号が鮮明になるなど，技術的には非常に専門化されている．近年めざましい進展を見せた応用として，MRI（磁気共鳴イメージング）は緩和現象を利用して分子運動を観測し，臓器のプロトン濃度を描画してみせる手法であり，病気の診断など医学の現場で威力を発揮している．

7・8　磁場中の電子のエネルギー　★

概要　電子（スピン量子数 $s=\frac{1}{2}$）は磁気モーメントをもつから，孤立した自由電子（実際には不対電子など）として磁場中($\mathcal{B}_0$)に置かれると，$m_s=+\frac{1}{2}$ (α 状態，↑）と $m_s=-\frac{1}{2}$（β 状態，↓）に相当する2通りの配向をとる．これによる電子のエネルギー（E_{m_s}）は，その磁気回転比（γ_e）を用いて次式で表される．

基本式
No.50

$$E_{m_s} = -\gamma_e \hbar \mathcal{B}_0 m_s \qquad \text{ここで，} \quad \gamma_e = -\frac{g_e e}{2m_e}$$

g_e は電子の g 因子，m_e は電子の質量である．ボーア磁子（μ_B）を用いてつぎのように表されることもある．

$$E_{m_s} = g_e \mu_B \mathcal{B}_0 m_s \qquad \text{ここで，} \quad \mu_B = \frac{e\hbar}{2m_e}$$

解説　電子では $\gamma_e<0$ であるから，^{1}H 核の場合（p.118 を見よ）と違って，α 状態のエネルギーは β 状態よりも高い．その2状態のエネルギー間隔は，

$$\Delta E = E_\alpha - E_\beta = g_e \mu_B \mathcal{B}_0$$

であるから，共鳴吸収の振動数（ラーモア振動数）は，

$$\nu = \frac{g_e \mu_B \mathcal{B}_0}{h} = \frac{\gamma_e \mathcal{B}_0}{2\pi}$$

であり，マイクロ波領域にある．熱平衡状態における β 状態と α 状態の占有数の差は，核の場合と同じ考察をすれば，

$$N_\beta - N_\alpha \approx \frac{N g_e \mu_B \mathcal{B}_0}{2kT}$$

で表されることがわかる．N はスピンの総数である．

吸収の中心位置から g 値が正確に得られ，分子の電子構造についてある程度の知見が得られるが，より重要なのは磁性核の存在で生じる超微細構造である．すなわち，核スピンの配向によって生じる磁場が共鳴線を分裂させる．この超微細構造を手掛かりにすれば分子を同定したり，電子分布の詳細を求めたりすることができる．たとえば，芳香環に沿った各原子に不対電子が存在する確率（スピン密度）を求めるのに，つぎのマッコーネルの式が使える．

$$a = Q\rho \qquad \text{ここで，} \quad Q \approx 2.25\ \mathrm{mT}$$

a は超微細結合定数，ρ はスピン密度である．

8. 化学結合と分子間相互作用

8・1　原子価結合法による波動関数　★★★

▶概要◀　原子価結合（VB）法によれば，水素分子 H_2 の2電子に対する（規格化していない）波動関数は，

基本式
No.51

$$\psi_{\mathrm{H-H}}(1,2) = \psi_{\mathrm{A}}(1)\psi_{\mathrm{B}}(2) + \psi_{\mathrm{A}}(2)\psi_{\mathrm{B}}(1)$$

で表される．AとBは水素原子に付けたラベル，1と2は電子に付けたラベルである．たとえば，$\psi_{\mathrm{A}}(1)$ は電子1が原子Aのオービタル ψ_{A} にあることを示す．

▶解説◀　分子構造の理論では，ボルン-オッペンハイマーの近似を採用する．すなわち，原子核は電子に比べてずっと重いから相対的にゆっくりしか動かない．そこで，核はそれぞれの位置に固定していて，電子だけのシュレーディンガー方程式を解けばよいと考える．基底電子状態にある分子を扱う限り，この近似はかなりよい．

VB法では，局在化したオービタルによって化学結合を説明しようとし，ある原子オービタルを占める電子のスピンが，別の原子オービタルの電子と対をつくるとき結合が形成されると考える．最も単純な水素分子のH−H結合に注目すれば，基底状態にある2個のH原子が遠く離れているとき，電子1は原子Aのオービタル ψ_{A} にあるから，これを $\psi_{\mathrm{A}}(1)$ と表す．同様にして，電子2については $\psi_{\mathrm{B}}(2)$ と表す．粒子が複数存在しても互いに相互作用しないときの波動関数は，積で表せるというのが量子力学の一般則である．そこで，もし2電子間の相互作用が無視できれば，

$$\psi(1,2) = \psi_{\mathrm{A}}(1)\psi_{\mathrm{B}}(2)$$

と書ける．一方，電子1が原子Bにあり，電子2が原子Aにある状況であれば，

$$\psi(1,2) = \psi_{\mathrm{A}}(2)\psi_{\mathrm{B}}(1)$$

と書ける．このような状況が同等に起こりうる場合は，量子力学の規則によれば，対応する波動関数の重ね合わせで表せる．そこで，水素分子のような等核二原子分子の場合は，

$$\psi_{\mathrm{H-H}}(1,2) = \psi_{\mathrm{A}}(1)\psi_{\mathrm{B}}(2) + \psi_{\mathrm{A}}(2)\psi_{\mathrm{B}}(1)$$

と書ける．なお，規格化するには $\sqrt{1/2}$ の因子を掛けておく必要がある．ここで，古典力学では複合した結果を記述するのに確率を単に加算するが，量子力学では確率振幅を重ね合わせて，個々の事象の確率の予測には確率振幅の絶対値の

2乗を用いるという明らかな違いがあることに注意しよう．これによって，いろいろな結果の干渉効果を取入れているのである．こうして，水素分子の電子のVB波動関数が表せた．ただし，分子を形成しても2個の電子が相互作用しないというのは正しくないから，これは近似にすぎない．しかし，この近似波動関数はVB法で議論するときの出発点になっている．

ところで，この波動関数が存在できるためには，パウリの原理の要請を満たしている必要がある．それは，上の波動関数だけであれば，電子（フェルミ粒子である）のラベルを入れ替えても波動関数の符号は変化しないからである．パウリの原理によれば，分子の（スピンを含む）全波動関数は電子のラベルを入れ替えたとき，その符号を変えなければならない．そのためには，つぎのような反対称スピン関数を掛けておかなければならないのである．

$$\psi_{\mathrm{A-B}}(1,2) = \{\psi_{\mathrm{A}}(1)\psi_{\mathrm{B}}(2) + \psi_{\mathrm{A}}(2)\psi_{\mathrm{B}}(1)\} \times \{\alpha(1)\beta(2) - \beta(1)\alpha(2)\}$$

たとえば，$\alpha(1)$は電子1がスピン状態αにあることを示している．こうしておけば，$\psi_{\mathrm{A-B}}(1,2) = -\psi_{\mathrm{A-B}}(2,1)$ が満たされる．このスピン状態の状況は，2電子のスピンが対をつくっていることに相当するから，結合をつくるには結合に関わる2個の電子スピンは対をつくらなければならない（パウリの排他原理）と結論できる．

さて，分子のエネルギーを核間距離Rの関数として求めるには，VB波動関数を分子のシュレーディンガー方程式に代入し，一連のRでのエネルギーを計算すればよい．そうすれば，Rを無限遠から減少させたときエネルギーは低下し，ある核間距離で極小が見られるだろう．これは，ポテンシャルエネルギーの観点からは，2個の原子が接近するにつれ核間の領域で電子密度が蓄積されるから，それが2個の核を引きつけてポテンシャルエネルギーを下げていると考えられる．その一方で，それぞれの核の付近に引き付けられていた電子はいくぶんはぎ取られるから，この効果はポテンシャルエネルギーを上げるだろう．どちらの効果が優勢かは一概に言えない．一方，電子の運動エネルギーの観点からは，箱の中の粒子のモデルで見たように，電子が原子間の領域にも自由に行けるようになるからエネルギー低下に寄与するだろう．しかし，核間距離があまりに短すぎると，核間のクーロン反発が大きくなる．これらの効果の結果として平衡核間距離が決まっているのである．

結合をつくるのに2個以上の電子を提供できる原子から成る分子についても，価電子の配置に注目すればVB法で扱うことができ，結合様式をある程度予測できる．

▶関連事項◀ VB法では，結合タイプの名称としてσ結合やπ結合という用語を使う．また，昇位や混成，共鳴という概念を用いて結合様式の説明を行う．近年は分子軌道（MO）法による計算が主力であるが，これらの概念や表現は便利なために今でもよく使われる．ここでは混成について整理しておこう．

メタン分子をVB法で扱うには混成という概念をもち込む必要がある．それは，4個あるC－H結合の等価性や結合数，立体構造（空間分布や結合角）を説明するための量子力学的な便法である．いまの場合は，C2sオービタル1個とC2pオービタル3個（合計4個の原子オービタル）を使って一次結合（混成オービタル）をつくるのである．この4個の等価なsp^3混成オービタル（h）はつぎのように表せる．

$$h_1 = s + p_x + p_y + p_z \qquad h_2 = s - p_x - p_y + p_z$$

$$h_3 = s - p_x + p_y - p_z \qquad h_4 = s + p_x - p_y - p_z$$

規格化するにはそれぞれ1/2の因子を掛けておけばよい．こうして，C原子の混成オービタルのローブは互いに正四面体角をなしており，それぞれがH原子の1sオービタルとσ結合を形成するのである．

平面形のエテン（エチレン）分子の構造を説明するには，C原子についてsp^2混成オービタルをつくる．すなわち，

$$h_1 = s + \sqrt{2}\,p_y \qquad h_2 = s + \sqrt{3/2}\,p_x - \sqrt{1/2}\,p_y$$

$$h_3 = s - \sqrt{3/2}\,p_x - \sqrt{1/2}\,p_y$$

である．この場合の規格化因子は $\sqrt{1/3}$ である．正三角形の頂点方向を向いた混成オービタルのローブは，それぞれH原子の1sオービタルとσ結合を形成する．混成に使われなかった2個のC原子の2pオービタルは分子面に垂直に突き出ており，互いのローブの側面の重なりでπ結合を形成する．これによってC＝Cの二重結合が理解できる．

直線形のエチン（アセチレン）分子では，C原子についてsp混成オービタルをつくると考える．すなわち，

$$h_1 = s + p_z \qquad h_2 = s - p_z$$

である．規格化因子は$\sqrt{1/2}$である．混成オービタルのローブは，それぞれH原子の1sオービタルとσ結合を形成する．混成に使われなかった2個のC原子それぞれにある直交する2個の2pオービタルは分子面に垂直に突き出ており，向かい合うローブの側面の重なりでπ結合を2個つくる．これによってC≡Cの三重結合が理解できる．

混成オービタルにはほかにも，sp^3d混成（三方両錐形）やsp^3d^2混成（八面体形）などいろいろ考えられており，VB法ではあくまでも局在化したオービタルで化学結合を説明しようとする．

8・2　分子軌道法による波動関数　★★★

▶概 要◀ 分子軌道（MO）法によれば，水素分子イオン H_2^+ の1電子に対する（規格化していない）波動関数は，

基本式
No.52

$$\psi = c_A\psi_A + c_B\psi_B$$

で表される．ψ_A は水素原子Aを中心とする原子オービタル，ψ_B はBを中心とする原子オービタルである．このように原子オービタルの一次結合（LCAO）でつくった非局在化1電子波動関数 ψ を分子オービタルという．c_A と c_B は係数であり，それぞれの2乗は分子オービタルに対する原子オービタルの寄与の大きさを表している．等核二原子分子では $c_B = \pm c_A$ であるから可能な二つの波動関数を，

$$\psi = \psi_A \pm \psi_B$$

と表す．$\psi = \psi_A + \psi_B$ は結合性分子オービタル，$\psi = \psi_A - \psi_B$ は反結合性分子オービタルである．

▶解 説◀ MO法は，分子の電子構造に関する主流な理論となっており，それぞれの電子は分子全体に広がった波動関数を占めるとする．ボルン-オッペンハイマーの近似（p.122を見よ）に加えて，分子オービタルはLCAOで表せると仮定（LCAO近似）している．ただし，LCAOの基底をつくる原子オービタルを選ぶときには，分子の対称性を考慮し，隣接原子との重なりが0でないオービタルだけを選ばなければならない．また，対称操作で結ばれる同等な原子が何個もあるときは対称適合型一次結合（SALC）をつくる．こうして，N 個の原子オービタルから成る基底セットを用いて，N 個の分子オービタルをつくることができる．

異核二原子分子では $c_B^2 \neq c_A^2$ である．もし $c_B^2 > c_A^2$ であれば，電子はAよりもBに見いだされる確率が大きく，$^{\delta+}A{-}B^{\delta-}$ となるからこの分子には極性がある．このように原子間で電子を均等に共有しない状況は，元素の電気陰性度 χ と関係している．すなわち，結合性オービタルについては，電気陰性度の高い原子の方が大きな寄与をするから，$\chi_A > \chi_B$ であれば $c_A^2 > c_B^2$ といえる．逆に，反結合性オービタルについては，$\chi_A > \chi_B$ であれば $c_A^2 < c_B^2$ である．その電気陰性度として二つの目盛がよく使われる．ポーリングの目盛は，

$$|\chi_A - \chi_B| = \left[D_0(\mathrm{AB}) - \frac{1}{2}\{D_0(\mathrm{AA}) + D_0(\mathrm{BB})\}\right]^{1/2}$$

である．たとえば，$D_0(\mathrm{AB})$ は A−B 結合の解離エネルギーを eV の単位で表したときの数値である．一方，マリケンの目盛は，

$$\chi = \frac{1}{2}(I + E_{\mathrm{ea}})$$

である．I は注目する元素のイオン化エネルギー，E_{ea} は電子親和力であり，どちらも eV の単位で表したときの数値である．

▶関連事項◀　多原子分子の場合も二原子分子と同じように結合がつくられるが，多数の原子オービタルを使って分子オービタルをつくることになる．なかでも，π電子系を MO 法で扱うヒュッケル法では，π電子成分について分子オービタルをつくり，その相対的なエネルギーを求めるための単純な方法が与えられる．エテン（エチレン）分子を例に考えよう．そのσ結合については，VB 法で sp^2 混成によって説明される．そこで，σ結合骨格から垂直に張り出した（混成に参加していない）$\mathrm{C2p}_z$ オービタルを ψ_{A} および ψ_{B} とすれば，つぎの分子オービタルをつくれる．

$$\psi = c_{\mathrm{A}}\psi_{\mathrm{A}} + c_{\mathrm{B}}\psi_{\mathrm{B}}$$

ここで，$\hat{H}\psi = E\psi$ の形に書いたシュレーディンガー方程式に代入すれば，

$$\hat{H}(c_{\mathrm{A}}\psi_{\mathrm{A}} + c_{\mathrm{B}}\psi_{\mathrm{B}}) = E(c_{\mathrm{A}}\psi_{\mathrm{A}} + c_{\mathrm{B}}\psi_{\mathrm{B}})$$

となる．それぞれ演算子を作用させれば，

$$c_{\mathrm{A}}\hat{H}\psi_{\mathrm{A}} + c_{\mathrm{B}}\hat{H}\psi_{\mathrm{B}} = c_{\mathrm{A}}E\psi_{\mathrm{A}} + c_{\mathrm{B}}E\psi_{\mathrm{B}}$$

である．そこで，はじめに両辺に ψ_{A} を掛けた場合を考える．

$$c_{\mathrm{A}}\psi_{\mathrm{A}}\hat{H}\psi_{\mathrm{A}} + c_{\mathrm{B}}\psi_{\mathrm{A}}\hat{H}\psi_{\mathrm{B}} = c_{\mathrm{A}}\psi_{\mathrm{A}}E\psi_{\mathrm{A}} + c_{\mathrm{B}}\psi_{\mathrm{A}}E\psi_{\mathrm{B}}$$

ここで，各項を全空間にわたって積分する．

$$c_{\mathrm{A}}\int\psi_{\mathrm{A}}\hat{H}\psi_{\mathrm{A}}\,\mathrm{d}\tau + c_{\mathrm{B}}\int\psi_{\mathrm{A}}\hat{H}\psi_{\mathrm{B}}\,\mathrm{d}\tau = c_{\mathrm{A}}E\int\psi_{\mathrm{A}}\psi_{\mathrm{A}}\,\mathrm{d}\tau + c_{\mathrm{B}}E\int\psi_{\mathrm{A}}\psi_{\mathrm{B}}\,\mathrm{d}\tau$$

$\mathrm{d}\tau$ は体積素片である．それぞれの原子オービタルはすでに規格化されているとすれば，$\int\psi_{\mathrm{A}}\psi_{\mathrm{A}}\,\mathrm{d}\tau = 1$ である．また，重なり積分を $S\left(=\int\psi_{\mathrm{A}}\psi_{\mathrm{B}}\,\mathrm{d}\tau\right)$ とすれば，

$$c_{\mathrm{A}}H_{\mathrm{AA}} + c_{\mathrm{B}}H_{\mathrm{AB}} = c_{\mathrm{A}}E + c_{\mathrm{B}}ES$$

と書ける．$H_{\mathrm{AA}}\left(=\int\psi_{\mathrm{A}}\hat{H}\psi_{\mathrm{A}}\,\mathrm{d}\tau\right)$ はクーロン積分である．クーロン積分は負であり，この例では電子が A のオービタルを占めたときのエネルギーと解釈できる．

また，$H_{AB}(=\int\psi_A \hat{H} \psi_B\, d\tau)$ は共鳴積分（交換積分ともいう）である．これは，隣接する原子との相互作用の強さを表しており，平衡結合長のときはふつう負である．重なり積分については，$S_{AA}=S_{BB}=1$ および $S_{AB}=S_{BA}=S$ とする．ここで，式を整理すれば，

$$(H_{AA}-E)c_A + (H_{AB}-ES)c_B = 0$$

とできる．次に，こんどは両辺に ψ_B を掛けて同じ手続きをすれば，

$$(H_{BA}-ES)c_A + (H_{BB}-E)c_B = 0$$

が得られる．この連立方程式（永年方程式という）を解くために，クーロン積分 H_{AA} および H_{BB} を α とおき，共鳴積分 H_{AB} および H_{BA} を β とおく．また，重なり積分を $S=0$ とおく．この近似をヒュッケル近似という．そうすれば，上の永年方程式は，

$$(\alpha-E)c_A + \beta c_B = 0$$
$$\beta c_A + (\alpha-E)c_B = 0$$

となる．この永年方程式を解くということは，E や c_A, c_B を表す式を求めることであり，ここで簡単な線形代数を利用する．すなわち，この方程式はつぎの永年行列式が 0 である場合に限って解をもつから，

$$\begin{vmatrix} \alpha-E & \beta \\ \beta & \alpha-E \end{vmatrix} = (\alpha-E)^2 - \beta^2 = 0$$

である．つまり，エネルギーについての解は $E=\alpha\pm\beta$ である．それぞれについて係数を求めるために永年方程式に代入すれば，$E=\alpha+\beta$ の場合は $c_B=c_A$ となり，$\psi=c_A(\psi_A+\psi_B)$ が得られる．また，$E=\alpha-\beta$ の場合は $c_B=-c_A$ となり，$\psi=c_A(\psi_A-\psi_B)$ が得られる．$\beta<0$ であるから低い準位のエネルギーは $E=\alpha+\beta$ である．この 2 個の分子オービタルに収容すべき電子は 2 個しかないから，どちらも結合性オービタルの $E=\alpha+\beta$ に入る．また，この結合性オービタルと反結合性オービタルのエネルギー差は $2|\beta|$ である．

8・3　双極子間の相互作用　★★

▶概要◀　2個の双極子（モーメントの大きさ μ_1, μ_2）が真空中で距離 r を隔てて存在するとき，その相互作用（ポテンシャルエネルギー）は次式で表される．

基本式
No.53

$$V(r, \theta) = \frac{\mu_1 \mu_2 (1 - 3\cos^2\theta)}{4\pi\varepsilon_0 r^3}$$

ただし，両者は互いに平行で向きをそろえ，ずれた位置に固定されており，したがって相対的な角度（θ）も固定されているとする．ε_0 は真空の誘電率である．

▶解説◀　静電相互作用で基本となるのは，2個の点電荷（イオンや部分電荷）が真空中で距離 r を隔てて存在する場合である．そのクーロンポテンシャルエネルギーは次式で表される．

$$\text{電荷間の相互作用：}\quad V(r) = \frac{Q_1 Q_2}{4\pi\varepsilon_0 r}$$

Q_1 と Q_2 は電荷であり，同符号なら反発力，異符号なら引力が働く．また，媒質の誘電率が ε のときは，ε_0 をこれに置き換える．この相互作用は $1/r$ に比例し，両者の間に働く力は $1/r^2$ に比例している．その影響は比較的長距離に及ぶ．

次に考えるのは点双極子（$\mu_1 = Q_1 l$）と点電荷（Q_2）の相互作用である．相対配置が図8･1(a) の場合（一直線上にあるとき）の相互作用は次式で与えられる．

$$\text{電荷–双極子の相互作用：}\quad V(r) = -\frac{\mu_1 Q_2}{4\pi\varepsilon_0 r^2}$$

この式を導出するには，双極子を部分電荷に分けてから，引力相互作用と反発相互作用を取入れればよい．そうすれば，ポテンシャルエネルギーは，

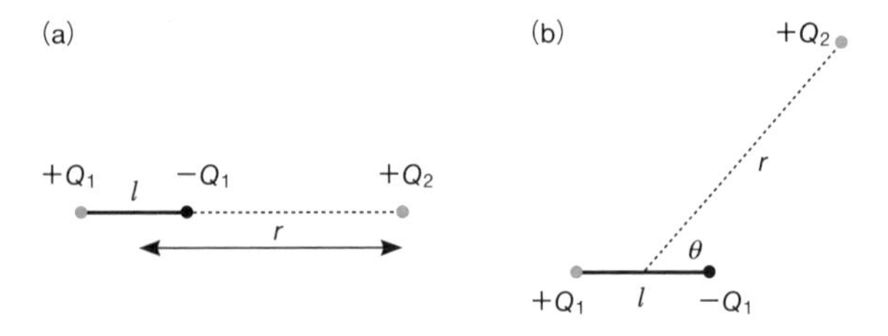

図8･1　双極子と点電荷が (a)一直線上にあるとき，(b)角度をなすときの相互作用．

$$V(r) = \frac{Q_1 Q_2}{4\pi\varepsilon_0\left(r + \frac{1}{2}l\right)} - \frac{Q_1 Q_2}{4\pi\varepsilon_0\left(r - \frac{1}{2}l\right)} = \frac{Q_1 Q_2}{4\pi\varepsilon_0 r\left(1 + \frac{l}{2r}\right)} - \frac{Q_1 Q_2}{4\pi\varepsilon_0 r\left(1 - \frac{l}{2r}\right)}$$

で表される．ここで，$l \ll r$ の（点双極子とみなせる）場合はつぎのように近似できる．

$$V(r) \approx \frac{Q_1 Q_2}{4\pi\varepsilon_0 r}\left\{\left(1 - \frac{l}{2r}\right) - \left(1 + \frac{l}{2r}\right)\right\} = -\frac{Q_1 Q_2 l}{4\pi\varepsilon_0 r^2} = -\frac{\mu_1 Q_2}{4\pi\varepsilon_0 r^2}$$

この相互作用は $1/r^2$ に比例し，両者の間に働く力は $1/r^3$ に比例している．相対配置が図 8･1(b) の場合（一直線上にないとき）の相互作用は次式で与えられる．

$$V(r) = -\frac{\mu_1 Q_2 \cos\theta}{4\pi\varepsilon_0 r^2}$$

図からわかるように，異符号の電荷が近い配置では，$\theta = 0$ でエネルギーが最低である．$\theta = 90^\circ$ では引力項と反発項が完全に打消し合う．

さて，問題の点双極子間の相互作用（図 8･2 a）であるが，式を導出するのに部分電荷に分けて計算すると非常に煩雑になる．そこで，ベクトルを利用した計算が必要であるが，ここでは省略する．代わりに，このポテンシャルエネルギーの特徴を整理しておこう．まず，エネルギーは $1/r^3$ に比例し，作用する力は $1/r^4$ に比例して急速に減衰する．すなわち，比較的近距離にしか及ばない相互作用であることがわかる．また，ポテンシャルエネルギーの角度依存性（図 8･2 b）を見ればわかるように，$\theta = 0$ または 180° の（$1 - 3\cos^2\theta = -2$ である）ときにエネルギーは最低である．これは，2 個の双極子が一直線上にあり，反対符号の

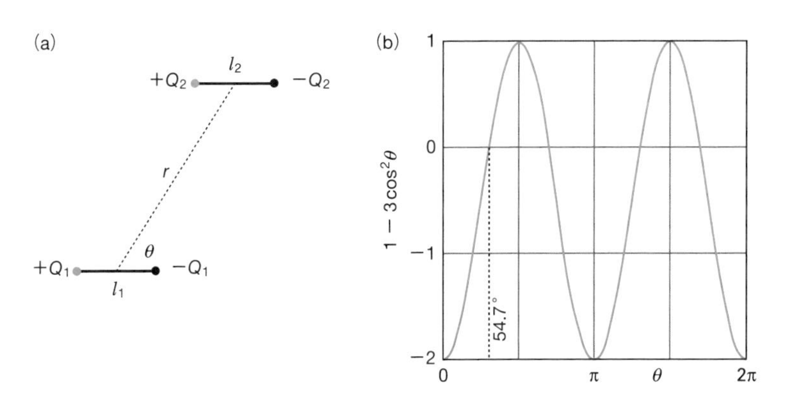

図 8･2　互いに平行な 2 個の双極子 (a) があるときのポテンシャルエネルギーの角度依存性 (b)．

電荷が向かい合う配置になるからである．一方，$1-3\cos^2\theta = 0$，すなわち $\theta = 54.7°$ を境にポテンシャルエネルギーは符号を変えるから，角度領域によって働く力は引力になったり反発力になったりすることがわかる．このような固定した双極子の関係は，固体中で極性分子の配向が決まっている場合に見られる．

ところで，極性分子が個々に完全に自由に回転している場合は，全体として双極子間の相互作用は平均化されて0になる．しかし実際には，気体や液体中でも完全に独立して自由に回転していることはなく，双極子間の相互作用はその相対的な向きで決まる．したがって，相互作用が0になることはない．詳しい計算はさらに煩雑になるが，温度（T）の関数として最終的な式はつぎの形をしている．

$$\text{回転する双極子間の相互作用：}\quad V(r) = -\frac{2{\mu_1}^2{\mu_2}^2}{3(4\pi\varepsilon_0)^2 kTr^6}$$

これをキーサムの相互作用という．そのエネルギーは $1/r^6$ に比例しているから近距離にしか働かない．また，温度が高くなれば熱運動が激しくなって，双極子の配向効果を上回ることになる．

▶関連事項◀　双極子モーメントをもつ極性分子は，近くにある分極可能な分子（極性分子でも無極性分子でも）に双極子モーメントを誘起させることができる．こうして誘起された双極子は元の分子の永久双極子と相互作用して互いに引き合うことができる．いま，双極子の一方（μ_2）が永久双極子でなく誘起双極子の場合，その双極子–誘起双極子相互作用は次式で与えられる．

$$\text{双極子–誘起双極子の相互作用：}\quad V(r) = -\frac{{\mu_1}^2\alpha_2{}'}{4\pi\varepsilon_0 r^6}$$

$\alpha_2{}'$ は第2の分子の分極率体積である．この場合の相互作用も $1/r^6$ に比例している．このとき働く力（$1/r^7$ に比例）をデバイの力ということがある．

ここでは双極子のみを考えたが，分子によっては部分電荷の配置から多重極子とみなせるものがある．たとえば，CO_2 分子は双極子モーメントをもたないが四重極子モーメントがある．CH_4 分子は，双極子モーメントも四重極子モーメントもないが，八重極子モーメントがある．固定している n 重極子と m 重極子が相互作用すれば，そのポテンシャルエネルギーは $1/r^{n+m-1}$ に比例して変化する．

8・4 レナード-ジョーンズの(12,6)ポテンシャルエネルギー ★★

概要 分子間の相互作用ポテンシャルを表すための経験的なモデルの一つであり, 2 個の原子間（核間距離 r）のポテンシャルエネルギーは 2 個のパラメーター（ε と r_0）を用いて次式で表される.

基本式
No.54

$$V(r) = 4\varepsilon\left\{\left(\frac{r_0}{r}\right)^{12} - \left(\frac{r_0}{r}\right)^{6}\right\}$$

第 1 項は反発項を表し, 第 2 項は引力項を表している. ε は極小のエネルギー値であり（誘電率でないから注意）, r_0 は $V=0$ となる距離である.

解説 レナード-ジョーンズのポテンシャルエネルギーの一般式は,

$$V(r) = 4\varepsilon\left\{\left(\frac{r_0}{r}\right)^{p} - \left(\frac{r_0}{r}\right)^{q}\right\}$$

で表される（ミーのポテンシャルという）. いまでは, 反発項の次数 $p = 12$, 引力項の次数 $q = 6$ がもっともよく用いられる. このとき, ポテンシャルの極小は $r = 2^{1/6}r_0$ の距離にある. ここでのパラメーターは, 実験で求めた第二ビリアル係数や粘性率, 熱伝導率などから推定することができる. 簡便であるため分子動力学計算などの分野でよく用いられる.

貴ガスのような無極性分子でも凝縮相を形成することから, 分子間には何らかの引力相互作用が働いている. それは分散相互作用によるものであり, 分子の電子密度分布が瞬間ごとに位置を変えること（ゆらぎ）で生じる双極子によるものとされる. 生じた瞬間双極子モーメントは, 相手分子を分極させて別の瞬間双極子モーメントを誘起させ, その両者が引き合うことでポテンシャルエネルギーが低くなると考えられる. この相互作用エネルギーを表す近似式が, つぎのロンドンの式である.

$$V(r) = -\frac{3}{2}\left(\frac{I_1 I_2}{I_1+I_2}\right)\frac{\alpha_1{}'\,\alpha_2{}'}{r^6} = -\frac{3}{2}\left(\frac{I_1 I_2}{I_1+I_2}\right)\frac{\alpha_1\alpha_2}{(4\pi\varepsilon_0)^2 r^6}$$

I_1 と I_2 は 2 個の分子のイオン化エネルギーであり, $\alpha_1{}'$ と $\alpha_2{}'$ はそれぞれの分極率体積である. ただし, 分極率体積（α'）と分極率（α）の間には, $\alpha = 4\pi\varepsilon_0\alpha'$ の関係がある. ロンドンの式はつぎのように解釈できる. まず, 分極率が大きいほど局所的な電荷密度のゆらぎは大きいから, 生じる瞬間双極子モーメントは大きい. これは相手の分子に対してもいえ, 生じる誘起双極子モーメントは大きい. この引力相互作用は $1/r^6$ に比例している. また, この相互作用ポテンシャルエネルギーは，イオン化エネルギーが減少するほど増加する．これは，実際には分極率がイオン化エネルギーに反比例しているからであり，すなわち $\alpha_1'\alpha_2' \propto (I_1 I_2)^{-1}$ から，全体として $V \propto (I_1+I_2)^{-1}$ となるからである．

一方，分子同士が接近しすぎると反発項が重要になる．このときの反発相互作用は同じ空間領域を 2 個の電子が占めるのを禁止するパウリの排他原理から生じるものである．この反発の寄与を $1/r^{12}$ で表す近似はあまりよくないことがわかっている．すなわち，反発の原因である波動関数の重なりが距離に対して指数関数的に減衰するからであり，その状況を忠実に反映するには指数関数の形 e^{-r/r_0} で表した方がよいという見解である．しかし，計算能力が限られている場合には（12, 6）ポテンシャルが重宝される．

関連事項　原子間力顕微鏡法（AFM）が出現して，分子間力を直接測定できるようになった．そこで作用する力（F）は，ポテンシャルエネルギーの勾配に負号を付けたものに等しいから，個々の分子間に働く力はレナード-ジョーンズのポテンシャルを用いて，

$$F = -\frac{\mathrm{d}V}{\mathrm{d}r} = \frac{24\varepsilon}{r_0}\left\{2\left(\frac{r_0}{r}\right)^{13} - \left(\frac{r_0}{r}\right)^{7}\right\}$$

と書ける．ここで，正味の引力が最大（$\mathrm{d}F/\mathrm{d}r = 0$）になるのは $r = (26/7)^{1/6} r_0$ のところであり，このときの力は $-144(7/26)^{7/6}\varepsilon/(13r_0)$ で表される．

分子間力や分子間相互作用を表す用語がいろいろと使われているので，ここで少し整理しておこう．まず，ファンデルワールス力という用語は，気体分子間に働く弱い引力をファンデルワールスの状態方程式の引力項で表したことに由来しており，分散力とほぼ同じ意味で用いられている．その分散力は，無極性の分子間に働く力について量子力学の 2 次の摂動論から導出されたものである．そのうち，ゆらぎによって生じる双極子-双極子の項（これをロンドンの分散力という）のポテンシャルエネルギーは $1/r^6$ に比例している．また，双極子-四重極子の項（これをマージナウの力という）のエネルギーは $1/r^8$ に比例しており，四重極子-四重極子の項のエネルギーは $1/r^{10}$ に比例しているという具合である．永久双極子が関与する場合であっても，キーサム相互作用（双極子-双極子の間）やデバイ相互作用（双極子-誘起双極子の間）では，ロンドンの分散相互作用の場合と同じく，ポテンシャルエネルギーの距離依存性が $1/r^6$ で表される．しかし，これらは分散相互作用とは区別されるべきものである．

分子間相互作用には別のカテゴリーとして，特異的な引力が働く水素結合や疎水性相互作用（疎水効果），π スタッキング相互作用など特殊なものがあり，生体高分子の三次元構造を決めるのに重要な働きをしている．

9. 統計熱力学

9・1　ボルツマンの式　★★★

▶概要◀　孤立系のエントロピーSは，系を構成する分子（一般に粒子）が微視的にとりうる状態の数W（“熱力学的確率”または“熱力学的重率”，あるいは“配置の場合の数”や“配置の重み”という）とつぎの関係にある.

基本式
No.55

$$S = k \ln W$$

比例定数のkはボルツマン定数であり，統計エントロピーと熱力学エントロピーの橋渡しの役目をしている.

▶解説◀　クラウジウスがエントロピーの概念（クラウジウスの不等式，p.15を見よ）を見いだしたのを知ったボルツマンは，その重要性を認識したうえで，原子論の立場からエントロピーの確率論的な解釈を提案し，これを定義し直した．当時は原子の存在を示す実験事実はなかったから，ボルツマンの原理ともいう．いまでは，エントロピーの定量的な分子論的解釈で重要な役目をしている.

系を構成する無数の分子に注目すれば，ある瞬間に特定の配置をとったとしても，次の瞬間にはべつの配置をとるという具合に，微視的な状態は刻々と変化している．すなわち，分子はとりうる状態すべてにわたって広く分布している．系の全エネルギーが同じでも，分子の可能な配置の場合の数が大きければ，系のエントロピーは大きい．また，エネルギー準位の間隔が狭く密集している方が，広く離れているよりもエントロピーが大きい．一方，$T=0$では，すべての分子が最低のエネルギー準位にあるから$W=1$であり，したがって$S=0$である.

この状況を統計熱力学では“アンサンブル”（統計集団）を使って表現する．すなわち，実際の系で起こっている微視的な状態の時間変化を，系の複製物（レプリカ）をメンバーとする集団に置き換える．たとえば，ミクロカノニカル・アンサンブルでは分子数（N）と体積（V），エネルギー（E）を一定とする条件下で可能なあらゆる微視的状態をメンバーとする．なかには量子力学でいう縮退も含まれる．そのうえで，各メンバーの状態は等確率で実現するという仮定をおいて，アンサンブル平均は系で起こっている事象の時間平均に等しいと仮定する（これをエルゴード仮説という）．なお，統計熱力学では，アンサンブルを構成する単位のことを“系”ということがあるから，実際の熱力学系と混同しないように注意が必要である.

エントロピーが示量性の状態関数であることは，SがWでなく$\ln W$に比例していることで保証される．たとえば，系がAとBという二つの部分系から成るとすれば，全系の W_{AB} は $W_{AB} = W_A W_B$ で与えられるから次式が成り立つ．

$$S_{AB} = k \ln W_{AB} = k \ln(W_A W_B) = k \ln W_A + k \ln W_B = S_A + S_B$$

▶関連事項◀ 熱測定により求めた熱力学エントロピーが統計エントロピーと一致せず，測定誤差を超えて有意に小さい場合がある．注目する気体について，ある温度（たとえば25 °C）での標準モルエントロピーを求めるには2通りの方法がある．一つは，蒸発熱や融解熱などの測定に加えて，できる限り絶対零度に近い極低温までの広い温度域で精密な熱容量測定を行うことで，これから第三法則エントロピー（絶対エントロピー）を求めることができる．一方，気体の統計エントロピーは分光学データをもとに正確に計算することができる．この両者が一致しない場合は2通りの理由が考えられる．一つは，熱容量測定が十分低温まで行われず，極低温度域に相転移などによる大きなエントロピー変化が隠れていて，それを見逃した場合である．もう一つの可能性は，何らかの乱雑さが極低温で凍結（非平衡なガラス状態に移行）してしまったために，熱容量に反映されなかった場合である．前者については，今日では非常に低温までの精密熱容量測定が可能であり，磁気的な相転移や励起を除けば大きなエントロピー変化を見逃す可能性は少なくなった．すなわち，後者の速度論的な理由によって“残余エントロピー”が生じることになる．これを“熱力学第三法則に違反している”と表現するのは間違いである．それは，第三法則が“完全な結晶状態の物質のエントロピーは，$T \to 0$ につれて 0 に近づく”としているからである．固体であっても何らかのガラス状態を内包していることは多いのである．

具体例として，熱力学エントロピーが統計エントロピーより約 $R \ln 2$ だけ小さい一酸化炭素の場合を考えよう．CO 分子は極性をもつ（部分負電荷は C の側にある）ものの双極子モーメントは非常に小さく，固体は四重極子間の相互作用により安定化した結晶構造を示す．それは N_2 の結晶構造と同じである．しかし，CO 分子の向き（どちらが C なのか）は決まっていない（ほぼ完全に乱れたままである）．それで残余エントロピーとして $k \ln 2^{N_A} = R \ln 2$ が観測されたわけである．一方，CO 分子が固体表面（グラファイト表面など）に吸着して単分子膜の固体を形成したものについて精密熱容量測定を行ったところ（この場合は吸着熱測定が必要），この二次元固体では 5.4 K に相転移が見いだされ，絶対零度では CO 分子の向きを含め完全に秩序化していることが“熱力学的に”わかったのである．すなわち，三次元固体では速度論的な理由によって分子の向きが凍結してしまうが，二次元固体では秩序化が容易に起こり，平衡相転移として現れたものと解釈できる．

氷についても残余エントロピーが観測されており，これは分子間の O−H…O 水素結合にあるプロトンの位置の乱れが凍結したものである．その残余エントロピーは $R \ln \left(\frac{3}{2}\right)$ である．たいていの教科書に説明があるから省略する．

9・2 ボルツマン分布則 ★★★

概要 系を特定の状態（または条件）におくのに関与しているエネルギーをεとするとき，その状態が出現する確率（あるいは頻度）Pは，

基本式 No.56

$$P \propto \exp\left(-\frac{\varepsilon}{kT}\right)$$

で表される．kはボルツマン定数，Tは系の熱力学温度である．

解説 ボルツマン分布則は，注目する状態が何であるかを問わず適用できるもので，その基礎は非常に一般的な原理にある．たとえば，回転状態間の占有数を比較しているのか，回転状態と振動状態を比較しているのかなどは問題でない．また，化学反応における反応物と生成物を対象にするときなど，別の物質の状態の占有数を比較するのでもよい．そこで，ボルツマン分布則は物理化学のいろいろな場面で顔を出す．一例は，気体分子に関するマクスウェル-ボルツマンの速度分布である（p.10 を見よ）．この場合に関与するエネルギーは個々の分子の運動エネルギー $\varepsilon = \frac{1}{2}mv^2$ であるから，その確率密度（この場合は速度分布関数）$f(v)$ は $\mathrm{e}^{-mv^2/2kT}$ に比例している．これをもとに三次元速度空間での確率 $f(v)\,\mathrm{d}v$ を具体的に求めるには積分計算が必要であり（全確率は1であるから）それを規格化すればよい．

ボルツマン分布則で表される確率が，指数関数の形でエネルギーに依存していることは，独立事象の確率を合成するときは（数学的に）積の法則が成り立つことを反映している．たとえば，系のある状態に関与するエネルギーをε_1とし，同じ系の別の状態に関与するエネルギーをε_2としよう．注目する運動の速度成分としてx成分とy成分を考える場合などでは，この二つの状態は互いに独立に出現すると仮定することができる．そこで，二つの事象が同時に起こるのを単一の事象とみなせば，それに対応するエネルギーは $\varepsilon_1+\varepsilon_2$ である．一方，この事象の出現確率は個々の確率の積でなければならないから，確率はエネルギーの指数関数で表されなければならない．それは，$F(\varepsilon_1+\varepsilon_2) = F(\varepsilon_1)\,F(\varepsilon_2)$ を満たす唯一の関数だからである．すなわち，

$$\mathrm{e}^{-(\varepsilon_1+\varepsilon_2)/kT} = \mathrm{e}^{-\varepsilon_1/kT}\,\mathrm{e}^{-\varepsilon_2/kT}$$

である．以上は数学的な推論から理解できる．一方，指数の分母にある熱力学温度は，指数関数がどれほど急激に減衰するかを決めており，それは自然の法則による．

ボルツマン分布則を表す式にはいくつかの形がある．まず，二つの状態の占有数 n_2 と n_1 の比（相対占有数）を表すには，それぞれのエネルギー ε_2 と ε_1 の差と熱力学温度 T を用いて，つぎのように表される．

$$\frac{n_2}{n_1} = \mathrm{e}^{-(\varepsilon_2 - \varepsilon_1)/kT}$$

もっと一般的に，特定の状態 i にある確率 P_i を求めるには次式を用いる．

$$P_i = \frac{\mathrm{e}^{-\varepsilon_i/kT}}{q}$$

分母の q は，確率として規格化する（$\sum_i P_i = 1$）ためのもので，$\mathrm{e}^{-\varepsilon_i/kT}$ の全状態にわたる和である．熱（q）と混同しないように注意しよう．すなわち，

$$q = \sum_i \mathrm{e}^{-\varepsilon_i/kT} = \mathrm{e}^{-\varepsilon_0/kT} + \mathrm{e}^{-\varepsilon_1/kT} + \cdots$$

である．これを注目する系の分配関数（p.142 を見よ）または状態和という．分配関数は統計熱力学で鍵となる重要な物理量である．あるいは，各状態 i の占有数 n_i を求める場合は，

$$n_i = \frac{N\mathrm{e}^{-\varepsilon_i/kT}}{q}$$

を用いる．N は分子の総数である．また，準位に縮退がある場合を考えて表せば，

$$n_L = \frac{Ng_L\,\mathrm{e}^{-\varepsilon_L/kT}}{q} \qquad q = \sum_L g_L\,\mathrm{e}^{-\varepsilon_L/kT}$$

となる．n_L は準位 L の分子の総数，g_L はその準位の縮退度，ε_L はそのエネルギーである．

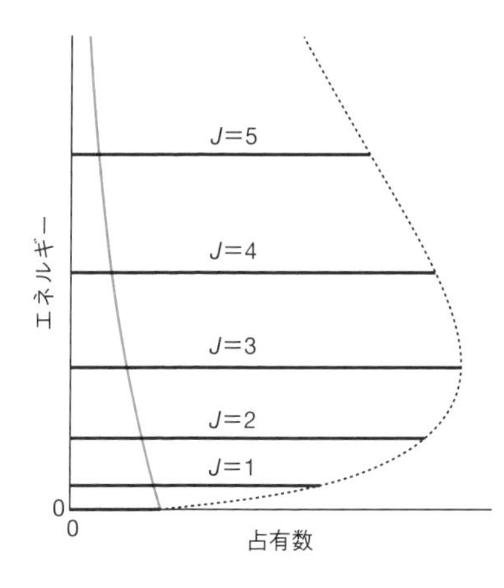

図 9・1　直線形分子の回転準位について，ある温度での占有数の状況を表してある．各準位の縮退度は $2J+1$ である．青色の曲線は，各状態についてのボルツマン分布を表している．

図 9·1 は具体例として，直線形分子の回転エネルギー準位（p.112 を見よ）の占有状況を示したものである．ボルツマン分布則は“状態”について成り立つから，エネルギー準位が縮退している場合は注意が必要である．この場合の各準位の縮退度は $2J+1$ であるから，これを考慮に入れて占有数を求める必要がある．

▶関連事項◀ ボルツマン分布則のもう一つの具体例は気圧分布（大気圧の式）に見られる．すなわち，地球の重力場（自然落下の加速度 g）のもとで，大気の温度（T）が海抜高度（h）によらず一定としたときの（この仮定は実際には成立しない）大気圧（p）の高度変化は次式で表される．

$$p = p_0 \, \mathrm{e}^{-Mgh/RT}$$

p_0 は海面における大気圧，M は空気の平均モル質量，R は気体定数である．

ここでは，空気を完全気体として扱い，高度の関数として数密度（単位体積当たりの分子数）$\rho(h)$ を表す式を導出しよう．まず，断面積 A で鉛直方向に伸びた気体柱を考える．その高さ h から $h+\mathrm{d}h$ の無限小体積は $A\,\mathrm{d}h$ であり，その部分の質量は $m\rho(h)A\,\mathrm{d}h$ である．m は分子 1 個の質量である．重力の存在下では，この質量は下の気体柱に対して $mg\rho(h)A\,\mathrm{d}h$ の力を及ぼすから，

$$p_h - p_{h+\mathrm{d}h} = -\mathrm{d}p = mg\rho(h)\,\mathrm{d}h$$

と書ける．ここで，完全気体では圧力と数密度の間に $p=\rho kT$ の関係があるから，

$$\frac{\mathrm{d}\rho(h)}{\mathrm{d}h} = -\left(\frac{mg}{kT}\right)\rho(h)$$

という微分方程式が得られる．この解が，

$$\rho(h) = \rho(h_0)\,\mathrm{e}^{-mg(h-h_0)/kT}$$

であることは，実際に代入してみればわかる．h_0 は基準として任意に定めた高さであり，$h_0=0$ とすれば，h は海抜高度である．質量の異なる分子の混合気体であれば，それぞれの分子種ごとに同じ形の分布が成立することになる．大気圧の式では，ボルツマン分布則に関与する分子のエネルギーはポテンシャルエネルギー mgh である．

9・3 ボルツマン分布の導出 ★

▶概要◀ あるエネルギー準位（ε_i）を占め，特定の状態にある分子の数（n_i）の割合（確率 P_i）は次式で表される．

基本式

No.57

$$P_i = \frac{n_i}{N} = \frac{e^{-\beta\varepsilon_i}}{\sum_i e^{-\beta\varepsilon_i}} \qquad ここで，\beta = \frac{1}{kT}$$

N は全分子数，k はボルツマン定数，T は熱力学温度である．

▶解説◀ ボルツマン分布は，全分子数が一定で，全エネルギーが特定の値をもつという制約条件のもとで，すべての分子を各エネルギー準位に乱雑に分布して占有させたときに得られる最確分布を表している．この分布の導出過程には，特異な数学手法だけでなく，大きな数の扱い方や確率の考えが凝縮されている．

簡単のために，各準位に縮退はないとしよう．まず，可能なそれぞれの場合について，配置の重み（p.134 を見よ）は次式で表される．

$$W = \frac{N!}{n_0!\,n_1!\,n_2!\cdots}$$

W の値が非常に大きいこと，W が無数に存在する（密集している）ことは容易に想像できる．そこで，W を連続関数とみなして，それが最大となる状況を探索するのであるが，$\ln W$ について探索しても得られる結果は同じである．この段階で，以後の作業はエントロピー（$S = k \ln W$）の最大化と同等であることがわかる．そこで，

$$\ln W = \ln N! - \ln \prod_i n_i! = N \ln N - \sum_i (n_i \ln n_i)$$

とする．ただし，大きな数に関するスターリングの近似（$\ln N! = N \ln N - N$）を適用した．また，$N = \sum_i n_i$ を用いて整理してある．ここで，次の段階として，ある特定の n_i についての導関数を問題にする必要があるから，ここでの和をとるための記号 i をいったん j に置き換えておく．すなわち，

$$\ln W = N \ln N - \sum_j (n_j \ln n_j)$$

としておくとわかりやすい．

膨大な数の配置様式が存在するなかで優勢配置を求めるには，配置の指標（つまり占有数）によって $\ln W$ を微分すればよい．すなわち，

$$\frac{\mathrm{d}\ln W}{\mathrm{d}n_i} = \frac{\mathrm{d}N}{\mathrm{d}n_i}\ln N + N\frac{\mathrm{d}\ln N}{\mathrm{d}n_i} - \frac{\mathrm{d}}{\mathrm{d}n_i}\sum_j (n_j \ln n_j)$$
$$= \ln N + N\left(\frac{1}{N}\right) - (\ln n_i + 1) = -\ln\left(\frac{n_i}{N}\right)$$

となる．ここで，$\frac{\mathrm{d}N}{\mathrm{d}n_i} = 1$ である．また，$\frac{\mathrm{d}n_j}{\mathrm{d}n_i}$ の値は，$i = j$ のとき 1 で，$i \neq j$ のとき 0 であることを使った．さて，占有数が互いに完全に独立であれば話は簡単（しかし無意味）であり，この式を 0 とおけばよいが，そう単純ではない．いまは占有数の合計が N に等しいという制約がある．同様の制約はエネルギーについても存在する．すなわち，つぎの二つの制約条件があるなかでの最大化を考える必要がある．

$$\sum_i \mathrm{d}n_i = 0 \qquad \sum_i \varepsilon_i\,\mathrm{d}n_i = 0$$

このような条件付きの極値問題を扱う数学手法としてラグランジュの未定乗数法がある．そこで，つぎの微分形式の式に，これらの条件の重みとしてラグランジュの乗数 α と β を導入して，二つの制約条件を式に取入れる．そうすれば，

$$\mathrm{d}\ln W = 0 = \sum_i -\ln\left(\frac{n_i}{N}\right)\mathrm{d}n_i + \alpha\sum_i \mathrm{d}n_i - \beta\sum_i \varepsilon_i\,\mathrm{d}n_i$$
$$= \sum_i \left\{-\ln\left(\frac{n_i}{N}\right) + \alpha - \beta\varepsilon_i\right\}\mathrm{d}n_i$$

とできるというのがこの方法である．α および β の項の符号は，α と β を正の値にするためのものである．この方法で鍵となるのは α と β を求める段階であり，そのためには｛　｝内の項が 0 のときのみ等式が満足することに注目する．すなわち，

$$-\ln\left(\frac{n_i}{N}\right) + \alpha - \beta\varepsilon_i = 0$$

である．n_i について解けば，

$$n_i = N\,\mathrm{e}^{\alpha}\,\mathrm{e}^{-\beta\varepsilon_i}$$

となる．これで，未定であったラグランジュの乗数を求めることができる．すなわち，

$$N = \sum_i n_i = N\,\mathrm{e}^{\alpha}\sum_i \mathrm{e}^{-\beta\varepsilon_i}$$

となって，

$$\mathrm{e}^{\alpha} = \frac{1}{\sum_i \mathrm{e}^{-\beta\varepsilon_i}}$$

が得られる．一方，β を求めるには，あるエネルギー準位を占める確率 P_i に注目すればよい．すなわち，

$$P_i = \frac{n_i}{N} = \mathrm{e}^{\alpha}\,\mathrm{e}^{-\beta\varepsilon_i} = \frac{\mathrm{e}^{-\beta\varepsilon_i}}{\sum_i \mathrm{e}^{-\beta\varepsilon_i}}$$

となる．これがボルツマン分布である．この式の分母は分配関数（p.142 を見よ）であり，数学的には確率分布を規格化する役目をしている．

ところで，ボルツマン分布則が自然の法則として物理的な意味をもつためには，β が測定可能な系の変数であること（具体的には $\beta = 1/kT$）を示しておく必要がある．そのためにはいろいろな方法がある．エネルギー準位が具体的に与えられた系（一次元の並進運動や振動子のモデルなど）について T を用いて表した式を，β を残して導いた式と比較することで導出する場合が多い．一方，少し基本的な観点から，エントロピー変化に関する熱力学的な定義（$\Delta S = q_{\mathrm{rev}}/T$，p.14 を見よ）にもち込むやり方もある．

ここでは振動子の集合体を念頭において，そのエネルギー準位の占有状況から得られる E と W の関係を求めよう．まず，$\ln W$ の全微分から，

$$\mathrm{d}\ln W = -\sum_i \mathrm{d}\ln n_i! = -\sum_i \ln n_i\,\mathrm{d}n_i$$

である．ここでもスターリングの近似を用いた．いま，基底エネルギー準位を $\varepsilon_0 = 0$ とし，これに対する任意のエネルギー準位 ε_i の占有数の比を表せば，

$$\frac{n_i}{n_0} = \mathrm{e}^{-\beta\varepsilon_i}$$

とできる．そこで，

$$\mathrm{d}\ln W = -\sum_i (\ln n_0 - \beta\varepsilon_i)\,\mathrm{d}n_i = -\ln n_0 \sum_i \mathrm{d}n_i + \beta\sum_i \varepsilon_i\,\mathrm{d}n_i$$

となる．最右辺の第 1 項は 0 である．また，$\sum_i \varepsilon_i\,\mathrm{d}n_i = \mathrm{d}E$ であるから，

$$\mathrm{d}\ln W = \beta\,\mathrm{d}E$$

が導かれる．すなわち，

$$\frac{\mathrm{d}S}{\mathrm{d}E} = k\beta$$

である．これを熱力学温度の定義（$\mathrm{d}S/\mathrm{d}E = 1/T$，p.23 を見よ）と比較すれば次式が得られる．

$$\beta = \frac{1}{kT}$$

9・4 分配関数 ★★★

▶概要◀ 分子の状態 i のエネルギーを ε_i とするとき，すべての状態についてのつぎの和を分配関数という．

基本式 No.58

$$q = \sum_i \mathrm{e}^{-\varepsilon_i/kT} = \mathrm{e}^{-\varepsilon_0/kT} + \mathrm{e}^{-\varepsilon_1/kT} + \cdots$$

最低エネルギーの状態を基準として $\varepsilon_0=0$ とする．同じエネルギーでも状態が異なれば（縮退があれば），それも含めて全部の状態について和をとる．これを分子分配関数という．

▶解説◀ 分子分配関数は，いろいろな状態の占有数分布を総括したものであるから，独立な分子から成る系の熱力学情報をすべて含んでいる．それは，系の動力学的な情報がすべて波動関数に含まれているのと似ている（p.82 を見よ）．統計熱力学では，エネルギーの基準を最低エネルギーにおくから，零点エネルギーがある系では注意が必要である．分配関数は次元のない物理量であり，その数値は，指定した温度で熱的に占有できる状態の数の目安を与えている．$T=0$ では基底状態だけを占めるから $q=1$（基底状態に縮退がない場合）である．$T\rightarrow\infty$ につれ q は分子がとりうる状態の総数に向かって単調に増加する．

分子のエネルギーはいろいろな運動モード（並進，回転，振動）と電子分布からの寄与の和で表される．その寄与が互いに独立であれば，分子分配関数はそれぞれの寄与の積でつぎのように表される．

$$q = q^{\mathrm{T}} q^{\mathrm{R}} q^{\mathrm{V}} q^{\mathrm{E}}$$

T は並進，R は回転，V は振動，E は電子（スピンを含む）である．

質量 m の分子 1 個が，温度 T で容積 V の容器に閉じ込められているときの並進分配関数を求めよう．まず，一次元（長さ X の容器）における並進運動のエネルギー準位は次式で与えられる（p.88 を見よ）．

$$E_{n_X} = \frac{{n_X}^2 h^2}{8mX^2} \qquad (n_X = 1, 2, \cdots)$$

この場合は零点エネルギーがあるから，これを基準としてエネルギーを測り直せば，

$$E_{n_X} = ({n_X}^2 - 1)\varepsilon_X \qquad \text{ここで，} \varepsilon_X = \frac{h^2}{8mX^2}$$

となる．これを分子分配関数で表せば，

$$q_X = \sum_{n_X=1}^{\infty} \mathrm{e}^{-(n_X{}^2-1)\varepsilon_X/kT}$$

である．ここで，並進のエネルギー準位は非常に密集しているから連続とみなして積分で置き換える．

$$q_X = \int_1^{\infty} \mathrm{e}^{-(n_X{}^2-1)\varepsilon_X/kT}\,\mathrm{d}n_X \approx \int_0^{\infty} \mathrm{e}^{-n_X{}^2\varepsilon_X/kT}\,\mathrm{d}n_X$$

最右辺への変形は積分公式（ガウス関数の積分）を使うためで，これによる誤差は無視できる．そこで，$x^2 = n_X{}^2(\varepsilon_X/kT)$ と変数変換してから積分計算をすれば，

$$q_X = \left(\frac{kT}{\varepsilon_X}\right)^{1/2} \int_0^{\infty} \mathrm{e}^{-x^2}\,\mathrm{d}x = \left(\frac{kT}{\varepsilon_X}\right)^{1/2} \left(\frac{\pi^{1/2}}{2}\right) = \left(\frac{2\pi mkT}{h^2}\right)^{1/2} X$$

となる．したがって，三次元ではつぎの式が得られる．

$$q^{\mathrm{T}} = q_X\,q_Y\,q_Z = \left(\frac{2\pi mkT}{h^2}\right)^{3/2} XYZ = \frac{V}{\Lambda^3} \qquad \text{ここで，} \Lambda = \frac{h}{(2\pi mkT)^{1/2}}$$

Λ を熱的ドブローイ波長という．それは，長さの次元をもち，気体分子の平均運動量が $(2\pi mkT)^{1/2}$ に近いからである（p.11 を見よ）．

回転分配関数 q^{R} についても，温度が十分に高ければ近似が可能である．ここでは直線形回転子（回転定数 B）について，特性回転温度を $\theta_{\mathrm{R}} = hB/k$ として，$T \gg \theta_{\mathrm{R}}$ での分子分配関数を求めよう．出発点は，

$$q^{\mathrm{R}} = \sum_J (2J+1)\,\mathrm{e}^{-hBJ(J+1)/kT}$$

である（p.112 を見よ）．ここでもエネルギー準位が密集していて連続帯をつくっているから，この和を積分で近似すれば，

$$q^{\mathrm{R}} = \int_0^{\infty} (2J+1)\,\mathrm{e}^{-hBJ(J+1)/kT}\,\mathrm{d}J$$

と書ける．ここで，

$$\frac{\mathrm{d}}{\mathrm{d}J}\,\mathrm{e}^{-hBJ(J+1)/kT} = -\frac{hB}{kT}\,(2J+1)\,\mathrm{e}^{-hBJ(J+1)/kT}$$

を使えば，

$$q^{\mathrm{R}} = -\frac{kT}{hB}\int_0^{\infty}\left(\frac{\mathrm{d}}{\mathrm{d}J}\,\mathrm{e}^{-hBJ(J+1)/kT}\right)\mathrm{d}J = \frac{kT}{hB}$$

とできる．この式は非対称直線形回転子についてのものであり，q を求めるときは区別できる状態だけを数えるから，対称直線形分子では対称数（$\sigma=2$）で割っておく必要がある．すなわち，

$$q^{\mathrm{R}} = \frac{kT}{\sigma hB}$$

である．対称数に対する高度な解釈は，パウリの原理（p.114 および p.123 を見よ）によるものである．一方，一般の分子では，

$$q^{\mathrm{R}} = \frac{\sqrt{\pi}\,(8\pi^2 kT)^{3/2}\sqrt{I_1 I_2 I_3}}{\sigma h^3}$$

と表される．I_1, I_2, I_3 は慣性モーメントである．H_2O では $\sigma=2$，NH_3 では $\sigma=3$，CH_4 では $\sigma=12$ である．同じ式を波数で表した回転定数（$\tilde{B}$，p.113 を見よ）を用いて書けば，

$$q^{\mathrm{R}} = \frac{1}{\sigma}\left(\frac{kT}{hc}\right)^{3/2}\left(\frac{\pi}{\tilde{B}_1 \tilde{B}_2 \tilde{B}_3}\right)^{1/2}$$

と整理できる．ここでの回転定数はつぎのように定義されたものである．

$$\tilde{B}_1 = \frac{h}{8\pi^2 c I_1}, \quad \tilde{B}_2 = \frac{h}{8\pi^2 c I_2}, \quad \tilde{B}_3 = \frac{h}{8\pi^2 c I_3}$$

振動分配関数 q^{V} を求めるには，調和振動子のエネルギー準位（p.100 を見よ）を用いればよい．ただし零点エネルギーが存在する．そこで，

$$q^{\mathrm{V}} = 1 + \mathrm{e}^{-h\nu/kT} + \mathrm{e}^{-2h\nu/kT} + \cdots = \frac{1}{1 - \mathrm{e}^{-h\nu/kT}}$$

とする．特性振動温度を $\theta_{\mathrm{V}} = h\nu/k$ とおいて高温近似（$T \gg \theta_{\mathrm{V}}$）が使えれば，

$$q^{\mathrm{V}} \approx \frac{kT}{h\nu}$$

とできる．しかし，ふつうの分子振動であれば室温でも基底振動状態しか占有されないから，q^{V} は 1 に非常に近いことが多い．

電子分配関数 q^{E} については，ふつうは基底電子状態しか占有されないから，たいていの場合は $q^{\mathrm{E}} = 1$（縮退がない場合）である．基底電子状態に縮退があれば（縮退度 g^{E} のとき）$q^{\mathrm{E}} = g^{\mathrm{E}}$ である．

▶関連事項◀　分子間に相互作用がある系ではカノニカル分配関数 Q が必要になる．カノニカル・アンサンブルでは，分子数（N）と体積（V），温度（T）を一定とする条件下で可能なあらゆる微視的状態をメンバーとしている．分子間相互作用がないときのカノニカル分配関数は，分子分配関数とつぎの関係にある．

$$\text{区別できない分子 } N \text{ 個の集団：} Q = \frac{q^N}{N!}$$

$$\text{区別できる分子 } N \text{ 個の集団：} Q = q^N$$

9・5　分配関数と熱力学量の関係　★★

概 要　互いに相互作用しない分子から成る系の全エネルギー（E）は，その分子分配関数（q）の温度依存性によって次式で与えられる．

基本式 No.59

$$E = \frac{NkT^2}{q}\frac{\mathrm{d}q}{\mathrm{d}T} = NkT^2\frac{\mathrm{d}\ln q}{\mathrm{d}T}$$

そこで，温度 T での内部エネルギー U はつぎの式で表される．

$$U = U(0) + E$$

$U(0)$ は $T=0$ での内部エネルギーである．

解 説　分子間相互作用がない系について，分子分配関数から内部エネルギーを計算できれば，熱力学第一法則に関する諸量（エンタルピーや熱容量など）を計算することができる．また，エントロピーを計算できれば，第二法則に関する諸量（ヘルムホルツエネルギーやギブズエネルギー，平衡定数など）を計算することができる．

まず，系の全エネルギーを分子分配関数で表せば，

$$E = \sum_i N_i\varepsilon_i = \sum_i\left(\frac{N\mathrm{e}^{-\varepsilon_i/kT}}{q}\times\varepsilon_i\right) = \frac{N}{q}\sum_i\varepsilon_i\mathrm{e}^{-\varepsilon_i/kT}$$

$$= \frac{NkT^2}{q}\frac{\mathrm{d}q}{\mathrm{d}T} = NkT^2\frac{\mathrm{d}\ln q}{\mathrm{d}T}$$

となる．ここで，

$$\frac{\mathrm{d}q}{\mathrm{d}T} = \frac{\mathrm{d}}{\mathrm{d}T}\left(\sum_i\mathrm{e}^{-\varepsilon_i/kT}\right) = \frac{1}{kT^2}\sum_i\varepsilon_i\mathrm{e}^{-\varepsilon_i/kT}$$

の関係を使った．すなわち，一階導関数 $\mathrm{d}q/\mathrm{d}T$ を求めればよい．こうして求めた系の全エネルギーは零点エネルギーを含んでいないから，$U=U(0)+E$ としておく．内部エネルギーの絶対値は熱力学的には意味がないから，その点でもこうしておくのがよい．一方，統計熱力学では熱力学温度の代わりに $\beta(=1/kT)$ で表すことが多いから，つぎのように表すこともある．

$$U - U(0) = -N\left(\frac{\partial\ln q}{\partial\beta}\right)_V$$

分配関数は温度以外の変数（たとえば体積）に依存することもあるから，ここでは偏導関数で表しておいた．内部エネルギーから定容熱容量を求めるには，つぎの定義による（p.17 を見よ）．

$$C_V = \left(\frac{\partial U}{\partial T}\right)_V = -k\beta^2\left(\frac{\partial U}{\partial \beta}\right)_V$$

エントロピーについては，ボルツマンの式（$S = k \ln W$, p.134 を見よ）が出発点である．ただし，注目する分子が区別できるかどうかで扱いが異なる．まず，区別できる場合は，

$$\ln W = N \ln N - \sum_i (n_i \ln n_i) \qquad \text{ここで，} N = \sum_i n_i$$

を使えば，

$$S = k\sum_i (n_i \ln N - n_i \ln n_i) = -k\sum_i n_i \ln \frac{n_i}{N} = -Nk\sum_i P_i \ln P_i$$

とできる．$P_i = n_i/N$ は状態 i にある分子の割合である．また，$P_i = \mathrm{e}^{-\beta\varepsilon_i}/q$ であるから，$\ln P_i = -\beta\varepsilon_i - \ln q$ である．ここで，

$$N\sum_i P_i\varepsilon_i = \sum_i NP_i\varepsilon_i = \sum_i n_i\varepsilon_i = E = U - U(0)$$

である．また，$\sum_i P_i = 1$ であるから，

$$S = -Nk\left(-\beta\sum_i P_i\varepsilon_i - \sum_i P_i \ln q\right) = k\beta\,\{U - U(0)\} + Nk \ln q$$

と表せる．$\beta = 1/kT$ を用いれば，

$$S = \frac{U - U(0)}{T} + Nk \ln q \qquad \text{（区別できる分子）}$$

と書ける．これは区別できる分子の場合である．区別できない分子の場合は，これから $k \ln N!$ を差し引くことになるから，スターリングの近似（p.139 を見よ）を用いれば次式で表せる．

$$S = \frac{U - U(0)}{T} + Nk \ln q - Nk(\ln N - 1) \qquad \text{（区別できない分子）}$$

特に単原子分子の完全気体であれば，そのモルエントロピー（S_m）は，

$$S_\mathrm{m} = \frac{U_\mathrm{m} - U_\mathrm{m}(0)}{T} + R \ln q - R(\ln N_\mathrm{A} - 1)$$

で表されるから，

$$q = \frac{(2\pi mkT)^{3/2}V}{h^3} = \frac{V}{\Lambda^3} \qquad \text{ここで，} \Lambda = \frac{h}{(2\pi mkT)^{1/2}}$$

を代入すれば（p.143 を見よ）次式が得られる．

$$S_m = \frac{3}{2}R + R\left\{\ln\left(\frac{V_m}{N_A\Lambda^3}\right) + 1\right\} = R\left\{\ln e^{3/2} + \ln\left(\frac{V_m}{N_A\Lambda^3}\right) + \ln e\right\}$$

$$= R\ln\left(\frac{e^{5/2}V_m}{N_A\Lambda^3}\right) = R\ln\left(\frac{e^{5/2}RT}{N_A\Lambda^3 p}\right)$$

V_m はモル体積，p は圧力である．これをサッカー-テトロードの式という．

ギブズエネルギーについては，その定義から $G = H - TS = U - TS + pV$ を利用する．完全気体の状態方程式が使えるから $pV = NkT$ とできる．また，$T=0$ では $G(0) = U(0)$ である．したがって，

$$G - G(0) = U - U(0) - TS + NkT$$

である．これにエントロピーの式を代入する．区別できない分子の場合は，

$$G - G(0) = -NkT\ln q + NkT(\ln N - 1) + NkT$$

$$= -NkT(\ln q - \ln N) = -NkT\ln\frac{q}{N}$$

（区別できない分子）

である．モルギブズエネルギー（G_m）をモル分配関数 $q_m = q/n$ で表せば，

$$G_m - G_m(0) = -RT\ln\frac{q_m}{N_A}$$

である．特に単原子分子の完全気体であれば，

$$q_m = \frac{(2\pi mkT)^{3/2}V/h^3}{n} = \frac{(2\pi mkT)^{3/2}}{h^3} \times \frac{RT}{p}$$

とできるから，

$$G_m - G_m(0) = RT\ln\frac{ph^3}{(2\pi m)^{3/2}(kT)^{5/2}}$$

となる．なお，区別できる分子の場合は次式で表される．

$$G - G(0) = -NkT\ln q \qquad \text{（区別できる分子）}$$

9・6　エネルギーの均分定理　★

▶概要◀　系の内部エネルギーに対する個々の分子の運動エネルギーやポテンシャルエネルギーの寄与について，古典論によれば，運動量（または速度）や位置（変位）の2乗に比例する項は平均エネルギーとして，

基本式
No.60

$$\bar{\varepsilon} = \frac{1}{2}kT$$

の寄与がある．エネルギー等分配則ともいう．

▶解説◀　一次元で自由に並進運動する質量 m の分子（一般に粒子）の運動エネルギーは，その運動量（p）または速度（v）の2乗項として，$p_x{}^2/(2m)$ あるいは $mv_x{}^2/2$ で表される．均分定理によれば，その平均エネルギーは $\frac{1}{2}kT$ であるから，三次元の並進運動では $\frac{3}{2}kT$ である．自由な回転運動でも，運動エネルギーは慣性モーメント（I）と角速度（ω）を用いて $I\omega^2/2$ で表される．この場合は角速度の2乗項として表されているから，1回転自由度当たりの平均エネルギーは $\frac{1}{2}kT$ である．一方，一次元の調和振動子のエネルギーは，運動エネルギーだけでなくポテンシャルエネルギー（力の定数 k_f のバネとして）もあるから，そのエネルギーは二つの2乗項の和 $p_x{}^2/(2m) + k_\mathrm{f}x^2/2$ で表される．そこで，合計の平均エネルギーは1振動自由度当たり kT となる．このように，運動エネルギーかポテンシャルエネルギーかに関わらず，熱力学温度 T で熱平衡にある分子のエネルギーへの2乗項からの寄与は，1自由度当たりすべて同じで，$\frac{1}{2}kT$ に等しい．ただし，これらは古典論による帰結であり，量子力学により求めたエネルギー準位を考慮に入れれば，自由な並進運動についてはほぼ成り立つものの，回転や振動については特性温度より十分高い温度（$T \gg \theta_\mathrm{R}$ や $T \gg \theta_\mathrm{V}$）でしか成立しない（p.143 および p.144 を見よ）．

ここでは，2乗項（一般に Ay^2 とおく）に関する均分定理の物理的な根拠と数学的な扱いを示そう．ボルツマン分布則によれば（p.136 を見よ），熱力学温度 T で y（速度や変位）の値が無限小区間 $\mathrm{d}y$ にある確率は $\mathrm{e}^{-\varepsilon/kT}\,\mathrm{d}y$ に比例する．ここで，$\varepsilon = Ay^2$ である．このとき，Ay^2 の平均値（$\bar{\varepsilon}$）は次式で表される．

$$\bar{\varepsilon} = \frac{\int_{-\infty}^{\infty} Ay^2\,\mathrm{e}^{-Ay^2/kT}\,\mathrm{d}y}{\int_{-\infty}^{\infty} \mathrm{e}^{-Ay^2/kT}\,\mathrm{d}y}$$

ここで，$Ay^2/kT = x^2$ とおいて変数変換を行えば，$\mathrm{d}y = (kT/A)^{1/2}\,\mathrm{d}x$ であるか

ら，つぎのように整理できる．

$$\bar{\varepsilon} = kT \frac{\int_{-\infty}^{\infty} x^2 \mathrm{e}^{-x^2} \mathrm{d}x}{\int_{-\infty}^{\infty} \mathrm{e}^{-x^2} \mathrm{d}x}$$

ここで，右辺の分数の分子に対して部分積分法を用いた定積分の公式を使う．

$$\int_a^b f(x)\, g'(x)\, \mathrm{d}x = [f(x)\, g(x)]_a^b - \int_a^b f'(x)\, g(x)\, \mathrm{d}x$$

たとえば $f' = \mathrm{d}f/\mathrm{d}x$ である．いまの場合は，

$$\int_{-\infty}^{\infty} x^2 \mathrm{e}^{-x^2} \mathrm{d}x = -\frac{1}{2}\int_{-\infty}^{\infty} x(\mathrm{e}^{-x^2})' \mathrm{d}x = -\frac{1}{2}\left\{(x\mathrm{e}^{-x^2})\Big|_{-\infty}^{\infty} - \int_{-\infty}^{\infty} \mathrm{e}^{-x^2} \mathrm{d}x\right\}$$

$$= \frac{1}{2}\int_{-\infty}^{\infty} \mathrm{e}^{-x^2} \mathrm{d}x$$

となるから，目的としたつぎの式が得られる．

$$\bar{\varepsilon} = \frac{1}{2} kT$$

内部エネルギーに対する寄与から定容モル熱容量が計算できる（p.17 を見よ）．

$$C_{V,\mathrm{m}} = \left(\frac{\partial U_\mathrm{m}}{\partial T}\right)_V$$

単原子分子の完全気体では $C_{V,\mathrm{m}} = \frac{3}{2}R$ である．$\mathrm{N_2}$ 分子では分子軸に垂直な 2 個の軸のまわりに自由に回転できるから，$C_{V,\mathrm{m}} = \frac{5}{2}R$ である．これらは高温（たとえば 25 °C）でほぼ正しい．一方，固体中の分子は自由に並進運動を行えず，格子点を中心に振動運動できるだけである．そこで，単原子固体ではデュロン-プティの法則 $C_{V,\mathrm{m}}=3R$ に近い熱容量が得られる．一方，固体の熱容量が $T \to 0$ で $C_{V,\mathrm{m}} \to 0$ になる事実を，アインシュタインは独立した単一振動数の調和振動子の集合体として説明した．また，デバイは極低温での熱容量の温度依存性 $C_{V,\mathrm{m}} \propto T^3$ を説明するために，格子振動を連続弾性体の弾性波として扱った．

▶関連事項◀　環パッカリングには特異な振動モードがあり，変位の 4 乗に比例したポテンシャルエネルギーで表される．この自由度の平均ポテンシャルエネルギーは，上で示した部分積分法を用いてつぎのように計算できる．

$$\bar{\varepsilon}_\mathrm{p} = \frac{\int_{-\infty}^{\infty} Ay^4 \mathrm{e}^{-Ay^4/kT} \mathrm{d}y}{\int_{-\infty}^{\infty} \mathrm{e}^{-Ay^4/kT} \mathrm{d}y} = kT \frac{\int_{-\infty}^{\infty} x^4 \mathrm{e}^{-x^4} \mathrm{d}x}{\int_{-\infty}^{\infty} \mathrm{e}^{-x^4} \mathrm{d}x} = \frac{1}{4} kT$$

一方，運動エネルギーの寄与は $\bar{\varepsilon}_\mathrm{k}=\frac{1}{2}kT$ で表されるから，このモードの全エネルギーは次式で与えられる．

$$\bar{\varepsilon}_\mathrm{total} = \bar{\varepsilon}_\mathrm{p} + \bar{\varepsilon}_\mathrm{k} = \frac{3}{4} kT$$

10. 固体・液体・表面・高分子

10・1 ブラッグの法則 ★★★

▶概要◀ 結晶によるX線の回折について，入射X線の波長をλ，結晶格子の面間隔をdとするとき，つぎの関係が成り立つ．

基本式
No.61

$$\lambda = 2d\sin\theta$$

θは格子面と入射X線がなす角度で，これを視射角という（入射角ともいう）．2θを回折角という（散乱角ともいう）．

▶解説◀ X線の波長は0.1〜1.0 nmであり，原子のサイズ（0.3〜0.5 nm）に近いことから結晶構造の研究に用いられる．ブラッグの法則の説明に用いるモデルが光の反射を想像させるが，正しくは“強め合いの干渉”による回折現象である．しかし，いまでも“反射”という用語が広く用いられている．たとえば，単位胞の一辺がaの単純立方格子では，ミラー指数で表した$\{h,k,l\}$面の間隔d_{hkl}は，

$$\frac{1}{d_{hkl}^2} = \frac{h^2+k^2+l^2}{a^2}$$

で与えられる．そこで，$\{h,k,l\}$面が反射を与える（強め合いの干渉が起こる）角度は，

$$\sin\theta = (h^2+k^2+l^2)^{1/2}\frac{\lambda}{2a}$$

で表される．ブラッグの法則を$n\lambda = 2d\sin\theta$（nは整数で，反射の次数という）と書くこともあるが，面間隔d/nの結晶面で回折が起こると考えて，nを省略することが多い．すなわち，n次の反射は$\{nh,nk,nl\}$面から生じるとみなす．

▶関連事項◀ ブラッグの法則は，X線などの電磁放射線だけでなく中性子や電子などの粒子線についても（ドブローイ波長を用いれば）成り立つ（p.80を見よ）．ここでは散乱現象について少し考えよう．

X線は，結晶中の電子との電磁力によって散乱される．ただし，標的原子によって電子数やオービタルの大きさが違うから，原子ごとに異なる散乱効率をもつ．そこで，原子1個当たりの散乱振幅（原子散乱因子）fを次式で定義する．

$$f = 4\pi\int_0^\infty \rho(r)\,\frac{\sin Qr}{Qr}\,r^2\,\mathrm{d}r \qquad ここで，\ Q = \frac{4\pi}{\lambda}\sin\theta$$

$\rho(r)$は標的原子の球対称な電子密度（単位体積当たりの電子数）である．Qは

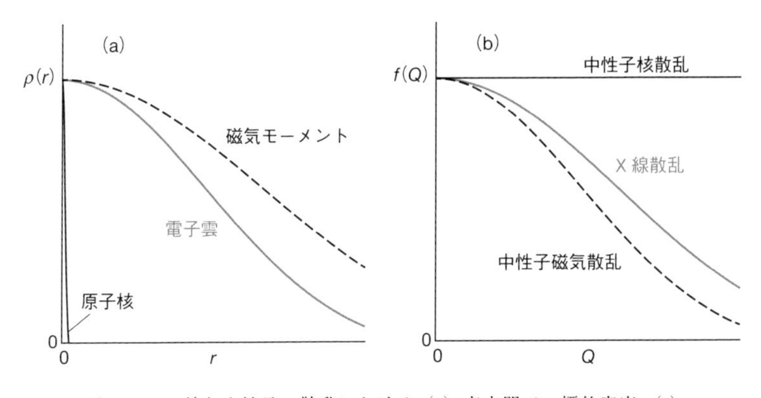

図 10・1　X 線と中性子の散乱における（a）実空間での標的密度 $\rho(r)$ と（b）そのフーリエ変換に当たる逆空間における散乱振幅 $f(Q)$．それぞれ，$r=0$ および $Q=0$ での値を合わせて模式的に示してある．

散乱ベクトルの大きさであり，入射 X 線の運動量変化に相当している（いまは弾性散乱を考えているからエネルギーは保存されている）．散乱因子の大きな原子は X 線を強く散乱する．また，前方散乱（$\theta=0$，つまり $Q=0$）で f が最大であり，その値は原子の全電子数に等しい．それは，$\lim_{Qr\to 0}(\sin Qr/Qr) = 1$ により，

$$f = 4\pi\int_0^\infty \rho(r)r^2\,\mathrm{d}r$$

となることからわかる．X 線回折では，原子核のまわりの電子雲が標的であり，そのサイズは波長に対して無視できないから，原子散乱因子は散乱角（つまり Q）が大きくなるにつれ減少する（図 10・1）．X 線回折での反射強度の解析には，これを考慮に入れなければならない．

熱中性子（室温付近で熱平衡になった中性子）のドブローイ波長は 0.05～0.5 nm であり，やはり構造研究に利用される．中性子は原子核との核力によって散乱されるから，そのドブローイ波長に比べて標的は非常に小さい．それで物質に対する透過力が強い．また，散乱角が大きくなっても散乱振幅は一定であり（図 10・1），高角散乱も前方散乱と同じ強度で観測される．中性子回折では原子核の位置を直接求められるという利点がある．あるいは，同位体の種類によって散乱強度が非常に異なるから，重水素核に置換して水素原子の位置を求めることもできる．一方，中性子が磁気モーメントをもつことを利用して，電子スピンの磁気モーメントとの相互作用による磁気散乱を用いた磁気構造の研究にも使える．ただし，この場合の標的は電子であるから，散乱強度は散乱ベクトルに大きく依存する．このほかにも中性子散乱では，非弾性散乱や非干渉性散乱を利用していろいろな情報が得られる．

10・2　構造因子とフーリエ合成　★★

▶概要◀　結晶の単位胞に原子 j が含まれていて座標（$x_j a, y_j b, z_j c$）の位置にあるとき，それぞれの原子散乱因子を f_j とすれば，$\{hkl\}$ 面で回折される波の全振幅は次式で与えられる．

基本式
No.62

$$F_{hkl} = \sum_j f_j \, \mathrm{e}^{\mathrm{i}\phi_{hkl}(j)} \qquad \text{ここで，} \quad \phi_{hkl}(j) = 2\pi(hx_j + ky_j + lz_j)$$

これを構造因子という．a, b, c は単位格子の軸長であり，相対座標を表す x_j, y_j, z_j は 0〜1 の値をとる．構造因子は，単位胞内のすべての原子について，散乱因子に原子の位置に依存する位相因子の重みを掛けて合計したものである．構造因子が与えられたとき，単位胞の体積 V 中の電子密度分布を求めるには次式を用いる．

$$\rho(\boldsymbol{r}) = \frac{1}{V} \sum_{hkl} F_{hkl} \, \mathrm{e}^{-2\pi\mathrm{i}(hx+ky+lz)}$$

この作業をフーリエ合成という．ただし，実験で得られる反射強度は $|F_{hkl}|^2$ に比例しているから，F_{hkl} の符号はすぐにはわからない．これを位相問題という．

▶解説◀　回折計で得られる実測データには，格子の面間隔よりずっと豊富な情報が含まれており，最終的には個々の原子の位置と単位胞内の電子密度分布を求めることができる．位相問題については，パターソン合成法で回避することもできるが，最近では位相割当てによる直接法が主流である．正しい構造解析を行うには，強度データ（I_{hkl} の値）を数多く収集することであり，それをもとにコンピューターを利用した精密化を繰返せばよい．生体高分子の結晶では，単位胞に多数の原子が含まれているから精密化に時間を要する．また，測定に用いる結晶に欠陥がないなど，良質な単結晶が要求される．

▶関連事項◀　構造因子については，具体例を示したほうが理解しやすい．

まず，単一原子から成る単純格子を考える．この場合は，相対座標（0, 0, 0）の位置にある 1 個の原子を考えれば，あとは並進移動ですべての原子を格子点に置くことができる．そこで，構造因子は，

$$F_{hkl} = f \, \mathrm{e}^{2\pi\mathrm{i}(0+0+0)} = f$$

で表される．したがって，反射強度はつぎのようになる．

$$I_{hkl} \propto |F_{hkl}|^2 = f^2$$

次に，単一原子から成る体心立方格子では，相対座標 $(0,0,0)$ と $\left(\frac{1}{2},\frac{1}{2},\frac{1}{2}\right)$ の位置にある 2 個の原子を考えればよい．そこで，

$$F_{hkl}=f\mathrm{e}^{2\pi\mathrm{i}(0+0+0)}+f\mathrm{e}^{2\pi\mathrm{i}(h/2+k/2+l/2)}$$
$$=f\{1+\mathrm{e}^{\pi\mathrm{i}(h+k+l)}\}=f\{1+(-1)^{h+k+l}\}$$

となる．ここで，$\mathrm{e}^{\pi\mathrm{i}}=\cos\pi+\mathrm{i}\sin\pi=-1$ の関係を使った．したがって，もし $(h+k+l)$ が奇数ならば，$F_{hkl}=0$ で $I_{hkl}=0$ である．すなわち，体心立方格子の結晶では，$(h+k+l)$ が奇数の回折線は系統的に消滅する．これを消滅則という．

次は単一原子から成る面心立方格子である．この場合は，相対座標 $(0,0,0)$ と $\left(\frac{1}{2},\frac{1}{2},0\right)$，$\left(\frac{1}{2},0,\frac{1}{2}\right)$，$\left(0,\frac{1}{2},\frac{1}{2}\right)$ の位置にある 4 個の原子を考える．そこで，

$$F_{hkl}=f\{1+(-1)^{h+k}+(-1)^{h+l}+(-1)^{k+l}\}$$

となる．h,k,l の値がすべて偶数，もしくはすべて奇数のときは $F_{hkl}=4f$ である．それ以外では $F_{hkl}=0$ となる．

最後に岩塩（NaCl）構造を考えよう．Cl^- イオンの座標を $(0,0,0)$，$\left(\frac{1}{2},\frac{1}{2},0\right)$，$\left(\frac{1}{2},0,\frac{1}{2}\right)$，$\left(0,\frac{1}{2},\frac{1}{2}\right)$ とすれば，Na^+ イオンの座標は $\left(\frac{1}{2},\frac{1}{2},\frac{1}{2}\right)$，$\left(\frac{1}{2},0,0\right)$，$\left(0,\frac{1}{2},0\right)$，$\left(0,0,\frac{1}{2}\right)$ で表される．ここで，h,k,l の値がすべて偶数，もしくはすべて奇数の場合には，$\left(\frac{1}{2},\frac{1}{2},0\right)$ のタイプの三つの Cl^- イオンがつくる項はすべて等しく，同様にして $\left(\frac{1}{2},0,0\right)$ のタイプの三つの Na^+ イオンがつくる項もすべて等しくなる．これに注目すれば，構造因子の計算は簡単になる．すなわち，

$$F_{hkl}=f_{\mathrm{Cl}}\{\mathrm{e}^{2\pi\mathrm{i}(0)}+3\mathrm{e}^{2\pi\mathrm{i}(h/2+k/2)}\}+f_{\mathrm{Na}}\{\mathrm{e}^{2\pi\mathrm{i}(h/2+k/2+l/2)}+3\,\mathrm{e}^{2\pi\mathrm{i}(h/2)}\}$$

である．$\mathrm{e}^{\pi\mathrm{i}}=-1$ であるから，つぎのように表せる．

$$F_{hkl}=f_{\mathrm{Cl}}\{1+3(-1)^{h+k}\}+f_{\mathrm{Na}}\{(-1)^{h+k+l}+3(-1)^{h}\}$$

そこで，

h,k,l の値がすべて偶数の場合：　$F_{hkl}=f_{\mathrm{Cl}}(4)+f_{\mathrm{Na}}(4)\propto(f_{\mathrm{Cl}}+f_{\mathrm{Na}})$

h,k,l の値がすべて奇数の場合：　$F_{hkl}=f_{\mathrm{Cl}}(4)+f_{\mathrm{Na}}(-4)\propto(f_{\mathrm{Cl}}-f_{\mathrm{Na}})$

となり，両者で強度は大きく異なることがわかる．それ以外の反射がないことは，単一原子から成る面心立方格子の場合から推測でき，実際にそうなっている．また，同じ岩塩構造の KCl 結晶では，K^+ と Cl^- が等電子的であるため，h,k,l の値がすべて奇数の反射は非常に弱い．

10・3　マーデルング定数　★★

▶概要◀ イオン性結晶ではクーロン相互作用が働いており，そのポテンシャルエネルギー（V）は最隣接イオンの中心間距離（d）に依存する．

基本式
No.63

$$V = \frac{e^2}{4\pi\varepsilon_0} \times \frac{z_1 z_2}{d} \times A$$

z_1 と z_2 は電荷数（カチオンは正，アニオンは負），ε_0 は真空の誘電率である．A はマーデルング定数であり，イオンの配列様式（構造のタイプ）で決まる．この静電ポテンシャルエネルギーをマーデルングエネルギーという．

▶解説◀ イオン性結晶では，最隣接イオンの電荷は反対符号であるから引き合い，第2隣接イオンとは同符号であるから反発し合う．この状況が長距離にわたって続くが，結晶全体としては負のエネルギー寄与が残る．岩塩構造では $A = 1.748$ である．実際には，クーロン引力だけでなく波動関数の重なりによる反発もあり，それが結晶のエネルギーを高くする．その結果，結晶の格子エンタルピー（$\Delta H_L^{\ominus}$）はつぎのボルン-メイヤーの式で与えられる．

$$\Delta H_L^{\ominus} = \frac{N_A e^2}{4\pi\varepsilon_0} \times \frac{|z_1 z_2|}{d} \times \left(1-\frac{d^*}{d}\right) \times A$$

d^* は経験的なパラメーターで，34.5 pm が採用される．格子エンタルピーは正の量であり，イオン半径の小さな結晶ほど大きい値を示す．

▶関連事項◀ 最も単純な例として，直線上に等間隔でカチオンとアニオンが交互に並ぶ一次元結晶を考え，隣接イオンとのクーロン相互作用を遠くまで加えるやり方でマーデルング定数を求めよう．このとき，マーデルング定数と最隣接イオン間の距離の比は次式で与えられる．

$$\frac{A}{d} = 2 \times \left(\frac{1}{d} - \frac{1}{2d} + \frac{1}{3d} - \frac{1}{4d} + \cdots\right)$$

右辺に因子2があるのは，注目するイオンの左右にイオンが存在しているからである．この級数の値は，つぎの展開式を利用して正確に求めることができる．

$$\ln(1+x) = x - \frac{x^2}{2} + \frac{x^3}{3} - \frac{x^4}{4} + \cdots$$

すなわち，$A = 2\ln 2 = 1.386$ である．実際にイオンの個数を増やして計算してみると，この級数の収束が非常に遅いことがわかる（図10・2）．

三次元の結晶に対して同様の考え方をすれば，状況はもっと複雑である．一例

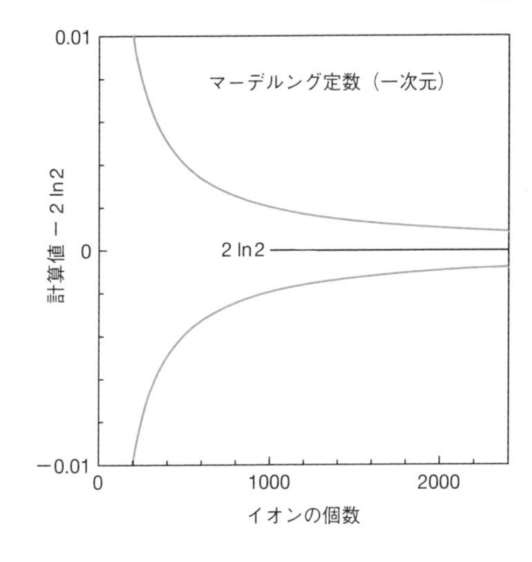

図 10・2　一次元のイオン性結晶のマーデルング定数の計算．遠くのイオンを取入れても振動を繰返すだけで，収束は遅い．ここでは振動の包絡線を示してある．岩塩構造は三次元であり，イオンがもっと多数関与するから，同じ計算方法では収束がきわめて遅い．

として岩塩型の構造を考えよう．注目するイオンを単位格子の原点（0, 0, 0）に置き，単位格子 1 個分に相当する $-1/2 \leq x, y, z \leq 1/2$ の格子点にある相手イオン（26 個）とのクーロン相互作用を考えれば，マーデルング定数 $A(1)$ はつぎのように表せる．

$$A(1) = \frac{6}{1} - \frac{12}{\sqrt{2}} + \frac{8}{\sqrt{3}} = 2.134$$

各項の分母はイオン間の距離を表しており，最隣接イオンとの距離を単位としている．また，各項の分子は，同じ距離にあるイオンの個数である．次に，相互作用の範囲を広げて，単位格子 $2^3 = 8$ 個分に相当する $-1 \leq x, y, z \leq 1$ の格子点にある相手イオン（124 個）を考慮に入れると，

$$A(2) = \frac{6}{1} - \frac{12}{\sqrt{2}} + \frac{8}{\sqrt{3}} - \frac{6}{\sqrt{4}} + \frac{24}{\sqrt{5}} - \frac{24}{\sqrt{6}} - \frac{12}{\sqrt{8}} + \frac{24}{\sqrt{9}} - \frac{8}{\sqrt{12}} = 1.517$$

と計算できる．こうして相互作用の範囲を次第に拡張しても計算値は振動を繰返すだけで，一次元の場合より収束がずっと遅いことは容易に想像できる．

こうした難点を克服する工夫として，立方晶など対称性の高い結晶であれば，イオンを分割して中性の多重極子をつくり，その間の相互作用エネルギーを計算する方法が考案されている．それは，多重極子間の相互作用は距離に対する収束が早いから（p.130 を見よ）である．ただし，いまの時代はコンピューターを最大限に利用することである．なお，閃亜鉛鉱型の構造のマーデルング定数は 1.638，塩化セシウム型は 1.763，ウルツ鉱型は 1.641 である．

10・4 ラプラスの式 ★★

▶概要◀ 表面張力γの液体中に半径rの球形の空洞があるとき，界面の凹側の圧力（p_{in}）は凸側の圧力（p_{out}）より大きく，両者の関係は次式で表される.

基本式
No.64

$$p_{\mathrm{in}} = p_{\mathrm{out}} + \frac{2\gamma}{r}$$

▶解説◀ 表面積を$\Delta\sigma$だけ増加させるのに必要な仕事は $w = \gamma\Delta\sigma$ であるから，表面張力の次元は力ではなく，N m^{-1}またはJ m^{-2}の単位で表される．ラプラスの式を導出するには，界面で作用する力の釣り合いに注目する．この場合の界面の面積は $\sigma = 4\pi r^2$ であるから，圧力によって空洞の内側（凹側）と外側（凸側）に働く力は，それぞれ $4\pi r^2 p_{\mathrm{in}}$ と $4\pi r^2 p_{\mathrm{out}}$ である．加えて，外側から内向きに働く力として表面張力による力がある．そこで，この空洞の半径がrから $r + \mathrm{d}r$ に変化したときの表面積の変化$\mathrm{d}\sigma$を求めれば，

$$\mathrm{d}\sigma = 4\pi(r + \mathrm{d}r)^2 - 4\pi r^2 = 8\pi r\,\mathrm{d}r + 4\pi(\mathrm{d}r)^2 = 8\pi r\,\mathrm{d}r$$

であり，このときのギブズエネルギー変化は $\mathrm{d}G = \mathrm{d}w = 8\pi\gamma r\,\mathrm{d}r$ である．すなわち，表面張力により加わっている内向きの力は$8\pi\gamma r$である．こうして，界面で作用する力の釣り合いから，

$$4\pi r^2 p_{\mathrm{in}} = 4\pi r^2 p_{\mathrm{out}} + 8\pi\gamma r$$

と書くことができ，

$$p_{\mathrm{in}} = p_{\mathrm{out}} + \frac{2\gamma}{r}$$

が得られる．なお，セッケン膜でできた球形の気泡の場合は，界面が二つあることに相当するから次式が成り立つ.

$$p_{\mathrm{in}} = p_{\mathrm{out}} + \frac{4\gamma}{r}$$

ここで，同じ液体中にサイズの異なる2個の球形の空洞（半径R_1とR_2）があり，たまたま両者が接触した場合を考えよう．$R_1 > R_2$とする．このとき，もとの空洞の内側の圧力（P_1とP_2）の差は，外側からどちらにも同じ圧力がかかっているから，

$$P_2 - P_1 = 2\gamma\left(\frac{1}{R_2} - \frac{1}{R_1}\right)$$

である．そこで接触すれば，空洞内の気体は2→1に流れ込んで合体し，小さい方の空洞は消滅する．つまり，合体によって大きい側の空洞がますます成長することになる．同様の現象は結晶でも起こり，サイズの異なる2個の結晶を接触させると，大きい結晶がますます大きくなり，小さい結晶はいずれ消滅する．これをオストワルド成長という．

ラプラスの式は，気液界面だけでなく液液界面にも当てはまる．また，界面が球形でなくても，曲率半径が r_1 と r_2 で表せる界面の場合は次式が成り立つ．

$$p_{\text{in}} = p_{\text{out}} + \gamma\left(\frac{1}{r_1} + \frac{1}{r_2}\right)$$

▶関連事項◀ 毛管作用（毛管上昇や毛管降下）は，曲がった界面を介しての圧力差によるものである．毛管内を上昇する液体（たとえば水の場合）のメニスカス直下の圧力（ラプラスの式の p_{out}）は，大気圧（p_{in}）より $2\gamma/r$ だけ低くなっているから，毛管外の液面での圧力（大気圧）と等しくなるまで液体は押し上げられる．すなわち，その液柱が及ぼす圧力によって，界面の曲率で生じた圧力降下分が打消される．ここで，液柱の高さが h のときの静水圧は ρgh に等しい．ρ は液体の質量密度，g は自然落下の加速度である．そこで，液体は $\rho gh = 2\gamma/r$ となる高さまで上昇する．つまり，$h = 2\gamma/(\rho gr)$ である．このような毛管上昇が見られるのは，液体が毛管内壁を濡らす場合である．一方，水銀のように毛管内壁を濡らさない場合は毛管降下が見られる．この場合は，メニスカス直下の圧力（ラプラスの式の p_{in}）が大気圧（p_{out}）より $2\gamma/r$ だけ高くなっているから，大気圧に等しくなるまで液体は押し下げられるのである．

このような濡れの状況は表面張力の組合わせで決まり，固体表面に対する液体の接触角（θ）で表される．実際には，完全に濡れる理想的な場合（$\theta=0$）から，全く濡れない場合（$\theta=\pi$）までの間にある．その場合のラプラスの式は，

$$p_{\text{in}} = p_{\text{out}} + \frac{2\gamma\cos\theta}{r}$$

で表される．また，このときの毛管上昇の高さは次式で表される．

$$h = \frac{2\gamma\cos\theta}{\rho gr}$$

接触角の測定は，表面張力の差を求める実験手法の一つになっている．すなわち，固体と液体，気体の組合わせから成る界面での表面張力を $\gamma_{\text{sg}}, \gamma_{\text{sl}}, \gamma_{\text{lg}}$ とすれば，3者の間には次式が成り立つ．

$$\cos\theta = \frac{\gamma_{\text{sg}} - \gamma_{\text{sl}}}{\gamma_{\text{lg}}}$$

10・5　ケルビンの式　★

▶概要◀　半径rの液滴が示す蒸気圧（p）は，バルク液体の蒸気圧（p^*）よりも高く，つぎの式で表される．トムソンの式ともいう．

基本式
No.65

$$p = p^* \exp\left(\frac{2\gamma V_m}{rRT}\right)$$

V_mは液体のモル体積，γはその液体の表面張力である．一方，液体中にできた半径rの球形の空洞内の蒸気圧は，バルク液体の蒸気圧より低く，その値を求めるには式の指数の符号を変えればよい．

▶解説◀　液体の蒸気圧は，バルク液体（水平表面）より小滴（凸形）の方が大きく，その表面が凹形であるときは逆に小さい．これはラプラス圧によるものであるから，ラプラスの式の場合に沿って導出すればよい（p.158を見よ）．

球形の液滴が半径rから$r + dr$に成長すれば，その表面積は$4\pi r^2$から$4\pi(r + dr)^2$に変化するから，このときのギブズエネルギー変化は$dG = 8\pi\gamma r\,dr$である．一方，物質量dnの液体が，水平表面のバルク液体（蒸気圧p^*）から液滴（蒸気圧p）へ移動すれば，液滴のギブズエネルギー増加は$dG = dn\,RT\ln(p/p^*)$で表される．両者は等しいから，

$$dn\,RT\ln\frac{p}{p^*} = 8\pi\gamma r\,dr$$

とおける．ここで，

$$dn = \frac{4\pi r^2}{V_m}\,dr$$

であるから，

$$\ln\frac{p}{p^*} = \frac{2\gamma V_m}{rRT}$$

となる．あるいは，$V_m=M/\rho$の関係を使えば，

$$\ln\frac{p}{p^*} = \frac{2\gamma M}{\rho rRT}$$

と表せる．Mはモル質量，ρは質量密度である．表面が球形でなく一般の曲面の場合は，二つの曲率半径r_1とr_2を用いて次式で表される．

$$\ln\frac{p}{p^*} = \frac{\gamma V_m}{RT}\left(\frac{1}{r_1} + \frac{1}{r_2}\right)$$

大気中の液滴は小さいほど蒸発しやすく，蒸発した分子が大きな液滴に凝縮して成長する（オストワルド成長）．

10・6　ラングミュアの吸着等温式　★★★

▶ **概要** ◀ ある指定した温度で固体表面に気体分子が吸着したとき，その表面被覆率（θ）は気体の圧力（p）で決まり，つぎの式で表される．

基本式
No.66

$$\theta = \frac{\alpha p}{1+\alpha p} \qquad \text{ここで，} \quad \alpha = \frac{k_a}{k_d}$$

k_a と k_d は，それぞれ吸着と脱着の速度定数である．

▶ **解説** ◀ 最も単純な吸着様式は，バルク気体 A(g) と固体表面に吸着した状態にある気体分子 AM（表面）との間に，つぎの平衡が成立している状況である．

$$\mathrm{A(g)} + \mathrm{M(表面)} \rightleftharpoons \mathrm{AM(表面)}$$

表面被覆率はつぎのように定義される．

$$\theta = \frac{\text{占有されている吸着サイトの数}}{\text{吸着サイトの総数}}$$

ラングミュアの等温式では，単分子層を超えて吸着が進行することはないとする．すなわち，$0 \leq \theta \leq 1$ である．これは，吸着分子と表面の間に化学結合が形成される化学吸着を念頭においているからである．また，すべての吸着サイトは等価（つまり一様）であると仮定する．さらに，吸着分子間に相互作用はないとしており，分子が吸着サイトに吸着する能力は，隣接する吸着サイトがすでに占有されているかどうかに無関係とする．言い換えれば，すべての吸着サイトで吸着エンタルピー（吸着熱）は同じで，しかも表面被覆率によらないとしている．

ラングミュアの等温式の導出には，吸着速度と脱着速度を表す式を書いてから，平衡条件を課すことである．まず，気体 A(g) が表面に吸着する速度に注目する．気体分子が表面に衝突する頻度は気体の圧力に比例しているから，吸着速度は圧力に比例するはずである．また，そのとき占有されていない空の吸着サイトの数 $(1-\theta)N$ にも比例するだろう．ただし，N は吸着サイトの総数である．そこで，

$$\text{吸着速度} = \frac{\mathrm{d}\theta}{\mathrm{d}t} = k_a N(1-\theta)p$$

と書ける．一方，脱着速度は，表面に現に存在している吸着分子の数（$N\theta$）に比例するから，

$$脱着速度 = \frac{d\theta}{dt} = -k_d N\theta$$

である．平衡であれば正味の吸着量に変化はないから，

$$k_a N(1-\theta)p = k_d N\theta$$

と書ける．ここで，正反応と逆反応の速度定数の比 $\alpha = k_a/k_d$ を導入して式を整理すれば，

$$\theta = \frac{\alpha p}{1+\alpha p}$$

が得られる．α の次元は 1/(圧力) であり，平衡定数ではないから注意が必要である．実際に得られたデータを解析するには直線関係が見える形にしておくのがよいから，両辺の逆数をとって，つぎのように変形しておく．

$$\frac{1}{\theta} = 1 + \frac{1}{\alpha p}$$

そこで，$1/p$ に対して $1/\theta$ をプロットすれば，$1/\alpha$ を勾配とする直線が得られる．被覆率は吸着した気体の体積を用いて表すことが多く，$\theta = V/V_\infty$ とする．ここでの体積は，標準の温度と圧力（STP）で測定されたバルク気体の体積で表すことが多い．V_∞ は，吸着分子が単分子層を完成させるのに必要な体積である．つぎの式を使えば，実測データをそのままプロットできる．

$$\frac{p}{V} = \frac{p}{V_\infty} + \frac{1}{\alpha V_\infty}$$

すなわち，p に対して p/V をプロットすれば，$1/V_\infty$ の勾配と $1/(\alpha V_\infty)$ の切片を示す直線が得られる．ここで，ラングミュアの等温式のプロットからわかる特徴を整理しておこう．まず，A の圧力が増加するにつれ，被覆率は 1（完全被覆）に向かって増加する．また，$p = 1/\alpha$ の圧力で表面の半分が吸着分子で覆われる．一方，低圧（$\alpha p \ll 1$）では $\theta = \alpha p$ であり，被覆率は圧力に対して直線的に増加する．また，高圧（$\alpha p \gg 1$）では $\theta = 1$ となり，このとき表面は吸着分子で飽和している．

上の場合と違って，気体分子が表面で解離して吸着する場合は等温式を変更する必要がある．そこで，二原子分子の解離を伴うつぎの吸着様式を考えよう．

$$A_2(g) + M(表面) \rightleftharpoons A{-}M(表面) + A{-}M(表面)$$

この場合も，解離を伴わない吸着の等温式を導出したやり方を参考にすればよい．ただし，このときの吸着分子の数は 2 倍あるから，吸着サイトを見つける確率を考えれば，吸着速度は空の吸着サイトの数の 2 乗に比例するだろう．すなわち，

$$吸着速度 = \frac{d\theta}{dt} = k_a p \{N(1-\theta)\}^2$$

である．脱着速度についても，2個の吸着分子が表面で出会う頻度に比例するから次式が書ける．

$$脱着速度 = \frac{d\theta}{dt} = -k_d (N\theta)^2$$

ここで平衡条件を課せば，

$$k_a p \{N(1-\theta)\}^2 = k_d (N\theta)^2$$

となる．式を整理すれば最終的に次式が得られる．

$$\theta = \frac{(\alpha p)^{1/2}}{1+(\alpha p)^{1/2}} \qquad \frac{1}{\theta} = 1 + \frac{1}{(\alpha p)^{1/2}}$$

このような解離を伴う場合の吸着では，被覆率が気体の圧力そのものでなく，圧力の平方根に依存している．また，解離を伴わない場合に比べて圧力依存性が弱いことがわかる．

▶関連事項◀ ラングミュアの等温式のもう一つの変形は共吸着が起こる場合であり，たとえば2種の気体AとBの混合物が表面の同じ吸着サイトを奪い合う場合である．AとBがどちらもラングミュアの等温式に従い，解離せず表面に吸着する場合は次式が成り立つ．

$$\theta_A = \frac{\alpha_A p_A}{1+\alpha_A p_A+\alpha_B p_B} \qquad \theta_B = \frac{\alpha_B p_B}{1+\alpha_A p_A+\alpha_B p_B}$$

α_J は化学種Jについての吸着と脱着の速度定数の比である．p_J は気相でのそれぞれの分圧，θ_J は全吸着サイトのうち化学種Jが占める割合である．

10・7 BETの吸着等温式 ★★★

概要 多分子層吸着を扱えるBETの等温式はつぎのように表される.

基本式 No.67

$$\frac{V}{V_{\mathrm{mon}}} = \frac{cz}{(1-z)\{1-(1-c)z\}} \quad ここで,\quad z = \frac{p}{p^*}$$

p^* は指定した温度でのバルク液体の蒸気圧, V_{mon} は単分子層被覆に相当する試料気体の体積である. c は定数であり, 単分子層からの標準脱着エンタルピー ($\Delta_{\mathrm{des}}H^{\ominus}$) とバルク液体の標準蒸発エンタルピー ($\Delta_{\mathrm{vap}}H^{\ominus}$) を用いて次式で表される.

$$c = \exp\left(\frac{\Delta_{\mathrm{des}}H^{\ominus} - \Delta_{\mathrm{vap}}H^{\ominus}}{RT}\right)$$

解説 最初にできた吸着層 (単分子層) が以後の吸着に対する (物理吸着による) 吸着媒として作用すれば, 得られる等温線は単分子層完成による飽和値で平坦になることはない. そこで, 平衡状態において表面吸着サイトのうち θ_0 が空で, θ_1 が単分子層で占められ, θ_2 が2分子層で占められている…とする. このときの吸着分子の総数は,

$$N = N_{\mathrm{sites}}(\theta_1 + 2\theta_2 + 3\theta_3 + \cdots)$$

で表される. N_{sites} は表面吸着サイトの総数である. ここで, 吸着媒および各吸着層からの脱着速度はすべて異なっていてもよいとする. 各層で平衡条件を課せば, つぎの関係が得られる.

$$\begin{aligned} 第1層: &\quad k_{\mathrm{a},0}p\theta_0 = k_{\mathrm{d},0}p\theta_1 \\ 第2層: &\quad k_{\mathrm{a},1}p\theta_1 = k_{\mathrm{d},1}p\theta_2 \\ 第3層: &\quad k_{\mathrm{a},2}p\theta_2 = k_{\mathrm{d},2}p\theta_3 \\ &\quad \vdots \end{aligned}$$

ただし, 単分子層が完成すれば, その後の吸着速度と脱着速度はすべての物理吸着層について等しいとする. このときの各層の被覆率はつぎのように表せる.

$$\begin{aligned} \theta_1 &= (k_{\mathrm{a},0}/k_{\mathrm{d},0})p\theta_0 = \alpha_0 p\theta_0 \\ \theta_2 &= (k_{\mathrm{a},1}/k_{\mathrm{d},1})p\theta_1 = (k_{\mathrm{a},0}/k_{\mathrm{d},0})(k_{\mathrm{a},1}/k_{\mathrm{d},1})p^2\theta_0 = \alpha_0\alpha_1 p^2\theta_0 \\ \theta_3 &= (k_{\mathrm{a},1}/k_{\mathrm{d},1})p\theta_2 = (k_{\mathrm{a},0}/k_{\mathrm{d},0})(k_{\mathrm{a},1}/k_{\mathrm{d},1})^2 p^3\theta_0 = \alpha_0{\alpha_1}^2 p^3\theta_0 \\ &\vdots \end{aligned}$$

ここで，$\theta_0 + \theta_1 + \theta_2 + \cdots = 1$ であるから，その和を計算すれば，

$$\theta_0+\alpha_0 p\,\theta_0+\alpha_0\alpha_1 p^2\theta_0+\alpha_0{\alpha_1}^2 p^3\theta_0+\cdots = \theta_0+\alpha_0 p\,\theta_0(1+\alpha_1 p+{\alpha_1}^2 p^2+\cdots)$$

$$= \left(\frac{1-\alpha_1 p+\alpha_0 p}{1-\alpha_1 p}\right)\theta_0$$

である．$1+x+x^2+\cdots = 1/(1-x)$ の関係を使った．そこで，

$$\theta_0 = \frac{1-\alpha_1 p}{1-(\alpha_1-\alpha_0)p}$$

となる．同様にして，吸着分子の総数は，

$$N = N_{\text{sites}}\alpha_0 p\,\theta_0 + 2N_{\text{sites}}\alpha_0\alpha_1 p^2\theta_0 + \cdots = \frac{N_{\text{sites}}\alpha_0 p\,\theta_0}{(1-\alpha_1 p)^2}$$

と書ける．$1+2x+3x^2+\cdots = 1/(1-x)^2$ の関係を使った．上の 2 式をまとめれば，

$$N = \frac{N_{\text{sites}}\alpha_0 p}{(1-\alpha_1 p)^2}\times\frac{1-\alpha_1 p}{1-(\alpha_1-\alpha_0)p} = \frac{N_{\text{sites}}\alpha_0 p}{(1-\alpha_1 p)\{1-(\alpha_1-\alpha_0)p\}}$$

となる．ここで，$N/N_{\text{sites}} = V/V_{\text{mon}}$ である．V は吸着気体の全体積，V_{mon} は仮に単分子層だけが完成した場合の体積である．$\alpha_1 = k_{\text{a,1}}/k_{\text{d,1}}$ という比は，液相での蒸気圧 p^* の逆数に等しいとみなせるから，$\alpha_1 = 1/p^*$ である．さらに，$z = p/p^*$，$c = \alpha_0/\alpha_1$ とおけば BET の等温式が得られる．

$$\frac{V}{V_{\text{mon}}} = \frac{\alpha_0 p}{(1-p/p^*)\{1-(1-\alpha_0/\alpha_1)\,p/p^*\}} = \frac{cz}{(1-z)\{1-(1-c)z\}}$$

定数 c の物理的な内容を示すために，吸着と脱着の速度定数をそれぞれアレニウスの式の形で表す．

$$k_{\text{a}} = A_{\text{ad}}\,\mathrm{e}^{-E_{\text{a,ad}}/RT} \qquad k_{\text{d}} = A_{\text{des}}\,\mathrm{e}^{-E_{\text{a,des}}/RT}$$

$E_{\text{a,ad}}$ と $E_{\text{a,des}}$ は吸着と脱着の活性化エネルギーである．$\alpha = k_{\text{a}}/k_{\text{d}}$ であるから，

$$\alpha_0=\frac{A_{\text{ad}}\,\mathrm{e}^{-E_{\text{a,ad}}/RT}}{A_{\text{des}}\,\mathrm{e}^{-E_{\text{a,des}}/RT}}=\frac{A_{\text{ad}}}{A_{\text{des}}}\,\mathrm{e}^{-(E_{\text{a,ad}}-E_{\text{a,des}})/RT}=\frac{A_{\text{ad}}}{A_{\text{des}}}\,\mathrm{e}^{-\Delta_{\text{ad}}H^\ominus/RT}=\frac{A_{\text{ad}}}{A_{\text{des}}}\,\mathrm{e}^{\Delta_{\text{des}}H^\ominus/RT}$$

と書ける．ここで，$\Delta_{\text{ad}}H^\ominus = E_{\text{a,ad}} - E_{\text{a,des}}$ である．また，$\Delta_{\text{des}}H^\ominus = -\Delta_{\text{ad}}H^\ominus$ を使った．これは単分子層からの脱着を表す式である．一方，2 分子層以上の分子層については，脱着を蒸発とみなして，

$$\alpha_1 = \frac{A_{\text{ad}}}{A_{\text{des}}}\,\mathrm{e}^{-\Delta_{\text{ad}}H^\ominus/RT} = \frac{A_{\text{ad}}}{A_{\text{des}}}\,\mathrm{e}^{\Delta_{\text{vap}}H^\ominus/RT}$$

とする．そこで，α_0 と α_1 の比はつぎのように表せる．

$$c = \frac{\alpha_0}{\alpha_1} = \frac{e^{\Delta_{des}H^{\ominus}/RT}}{e^{\Delta_{vap}H^{\ominus}/RT}} = e^{(\Delta_{des}H^{\ominus}-\Delta_{vap}H^{\ominus})/RT}$$

実際にデータを扱うときは，あらかじめ等温式をつぎのように変形しておく．

$$\frac{z}{(1-z)V} = \frac{1}{cV_{mon}} + \frac{(c-1)z}{cV_{mon}}$$

この式の左辺を z に対してプロットすれば，直線の勾配から $(c-1)/(cV_{mon})$ が得られ，$z=0$ の切片から cV_{mon} が得られる．それから c と V_{mon} が求められる．この方法で固体の表面積を求めるときは，ふつう窒素を用いて測定し，その1分子の吸着断面積を $0.162\ nm^2$ とする．ただし，吸着構造が表面の構造と整合する場合があったり，細孔表面では別の問題が生じたりするから，得られる表面積は目安とすべきである．

▶関連事項◀　吸着等温線の温度依存性を測定すれば，等量吸着エンタルピー $(\Delta_{ad}H^{\ominus})$ を求められる．まず，上で示したように，速度定数 k_a と k_d の比から，

$$\alpha = \frac{A_{ad}}{A_{des}} e^{-\Delta_{ad}H^{\ominus}/RT}$$

である．α の次元は 1/(圧力) であるから，両辺に標準圧力を掛けて対数をとれば，

$$\ln(\alpha p^{\ominus}) = \ln\left(\frac{A_{ad}}{A_{des}} p^{\ominus}\right) - \frac{\Delta_{ad}H^{\ominus}}{RT}$$

となる．ここで，右辺第1項は温度変化しないとして，表面被覆率を一定に保ったまま T に関する導関数を求めれば，

$$\left\{\frac{\partial \ln(\alpha p^{\ominus})}{\partial T}\right\}_{\theta} = \frac{\Delta_{ad}H^{\ominus}}{RT^2}$$

が得られる．さらに，ラングミュアの等温式によれば低圧では $\theta = \alpha p$ である．いまは $\theta =$ 一定 であるから $\ln(\alpha p^{\ominus}) + \ln(p/p^{\ominus}) =$ 一定 であり，

$$\left\{\frac{\partial \ln(p/p^{\ominus})}{\partial T}\right\}_{\theta} = -\frac{\Delta_{ad}H^{\ominus}}{RT^2}$$

とできる．あるいは，$d(1/T)/dT = -1/T^2$ を使えば次式で表せる．

$$\left\{\frac{\partial \ln(p/p^{\ominus})}{\partial(1/T)}\right\}_{\theta} = \frac{\Delta_{ad}H^{\ominus}}{R}$$

ただし，精度よく等量吸着エンタルピーを求めるには熱測定によるのがよい．

10・8 ラングミュア-ヒンシェルウッドの速度式 ★

▶概要◀ 表面触媒反応のラングミュア-ヒンシェルウッド機構では，表面に吸着した分子の断片と原子が出会うことで反応が起こるから，その速度式は表面被覆率について２次で表される．すなわち，反応 A+B→P について，

基本式
No.68

$$v = k_r \theta_A \theta_B$$

ここで，$\theta_A = \dfrac{\alpha_A p_A}{1+\alpha_A p_A+\alpha_B p_B}$，$\theta_B = \dfrac{\alpha_B p_B}{1+\alpha_A p_A+\alpha_B p_B}$

である．$\alpha_A = k_{a,A}/k_{d,A}$ および $\alpha_B = k_{a,B}/k_{d,B}$ である．

▶解説◀ 表面に吸着した物質の分解などに見られる表面触媒の１分子反応の速度式は，吸着等温式を用いて表すことができる．たとえば，θ がラングミュアの等温式（p.161 を見よ）で与えられれば，

$$v = k_r \theta = \frac{k_r \alpha p}{1 + \alpha p}$$

と書ける．p は吸着質の圧力である．一方，反応 A + B→P について，A と B はどちらも解離を伴わない吸着のラングミュアの等温式に従うとする．このとき，表面の吸着サイトを占めるのに２種の化学種が競い合うから，空の吸着サイトの数は $N(1 - \theta_A - \theta_B)$ に等しい．N は吸着サイトの総数である．そこで，A と B それぞれについて，平衡では吸着と脱着の速度が等しいことから，つぎの式が成り立つ．

$$k_{a,A} p_A N(1 - \theta_A - \theta_B) = k_{d,A} N \theta_A \qquad k_{a,B} p_B N(1 - \theta_A - \theta_B) = k_{d,B} N \theta_B$$

ここで，$\alpha_A = k_{a,A}/k_{d,A}$，$\alpha_B = k_{a,B}/k_{d,B}$ とおけば，

$$\alpha_A p_A (1 - \theta_A - \theta_B) = \theta_A \qquad \alpha_B p_B (1 - \theta_A - \theta_B) = \theta_B$$

と表せる．それぞれの被覆率についてこの連立方程式を解けば，

$$\theta_A = \frac{\alpha_A p_A}{1+\alpha_A p_A+\alpha_B p_B} \qquad \theta_B = \frac{\alpha_B p_B}{1+\alpha_A p_A+\alpha_B p_B}$$

共吸着の場合の式（p.163 を見よ）が得られる．そこで次式で表される．

$$v = \frac{k_r \alpha_A \alpha_B p_A p_B}{(1 + \alpha_A p_A + \alpha_B p_B)^2}$$

等温式にあるパラメーター α と速度定数 k_r はすべて温度に依存するから，反応速度は強い非アレニウス型の温度依存性を示すことになる．

白金表面に吸着した CO の CO_2 への接触酸化反応は，気相 2 分子反応として説明される．全反応は，

$$2CO(g) + O_2(g) \longrightarrow 2CO_2(g)$$

である．ラングミュア-ヒンシェルウッド機構によれば，

$$CO(g) \rightleftharpoons CO\ (吸着)$$
$$O_2(g) \rightleftharpoons 2O\ (吸着)$$
$$CO(吸着) + O(吸着) \longrightarrow CO_2(g)$$

である．すなわち，CO は分子のまま吸着し，O_2 は解離して化学吸着する．そこで，表面の吸着サイトを競い合いながら反応が起こり，CO_2 分子が生成して脱着するのである．この第 3 段階が律速過程であれば，速度式 $v = k_r \theta_{CO} \theta_{O_2}$ が成り立つ．ここで，

$$\theta_{CO} = \frac{K_1[CO]}{1+K_1[CO] + (K_2[O_2])^{1/2}} \qquad \theta_{O_2} = \frac{(K_2[O_2])^{1/2}}{1+K_1[CO] + (K_2[O_2])^{1/2}}$$

である．ただし，K_1 および K_2 は，それぞれ第 1 段階および第 2 段階の平衡定数である．そこで，p_{O_2} = 一定として $p_{CO} \ll p_{O_2}$ であれば $v \propto p_{CO}$ となる．また，$p_{CO} \gg p_{O_2}$ のときは，p_{CO} の大きい領域で $v \propto 1/p_{CO}$ となるはずである．実際にそういう結果が得られている．

▶ 関連事項 ◀　表面触媒反応のイーレイ-リディール機構では，すでに表面に吸着している分子 A に気相から分子 B が衝突する．そこで，反応速度は分圧 p_B と表面被覆率 θ_A に比例すると予測される．すなわち，

$$A + B \longrightarrow P \qquad v = k_r p_B \theta_A$$

となる．ここで，A の吸着等温式がわかっていれば，その分圧 p_A を使って速度式を表せる．たとえば，ラングミュアの等温式 $\theta_A = \alpha_A p_A/(1 + \alpha_A p_A)$ に従うなら速度式は次式で表される．

$$v = \frac{k_r \alpha_A p_A p_B}{1 + \alpha_A p_A}$$

A の分圧が高い（$\alpha_A p_A \gg 1$）ときは，表面被覆はほぼ完全（$\theta_A \approx 1$）で，反応速度は $k_r p_B$ に等しい．一方，A の分圧が低い（$\alpha_A p_A \ll 1$）ときの反応速度は $k_r \alpha_A p_A p_B$ である．この場合は，A の表面被覆率が反応速度を決める重要な因子となる．

10・9　高分子の平均モル質量　★★★

▶概要◀ 高分子の平均モル質量には異なる定義がある．

基本式 No.69

数平均モル質量：　$\overline{M}_{\mathrm{n}} = \dfrac{1}{N}\sum_i N_i M_i$

質量平均モル質量：　$\overline{M}_{\mathrm{w}} = \dfrac{1}{m}\sum_i m_i M_i = \dfrac{\sum_i N_i M_i^2}{\sum_i N_i M_i}$

Z平均モル質量：　$\overline{M}_{\mathrm{Z}} = \dfrac{\sum_i N_i M_i^3}{\sum_i N_i M_i^2}$

Nは分子の総数，N_iはモル質量M_iの分子数，mは試料全体の質量，m_iはモル質量M_iの分子の全質量である．また，$m_i = N_i M_i / N_{\mathrm{A}}$である．

▶解説◀ 生体高分子や合成高分子では分子鎖長やモル質量に分布が見られる．特に合成高分子は多分散であるから，どの方法を使ってモル質量を測定したかによってタイプの異なる平均値が得られる．

数平均モル質量（$\overline{M}_{\mathrm{n}}$）は，試料に含まれる各分子のモル質量に対する重みとして，同じ質量に含まれる分子数を掛けて得られる．このタイプの平均値は，束一的性質の一つである浸透圧の測定（無限希釈での値，p.41を見よ）や質量分析法でモル質量を求めた場合に得られる．

質量平均モル質量（$\overline{M}_{\mathrm{w}}$，重量平均モル質量ともいう）は，試料に含まれる各分子のモル質量に対する重みとして，その質量を掛けて得られる．このタイプの平均値は，光散乱法や超遠心法でモル質量を求めた場合に得られる．モル質量の分散度（不均一度指数または多分散性指数，PDIともいう）は，$Đ = \overline{M}_{\mathrm{w}}/\overline{M}_{\mathrm{n}}$の比で表される．分散度が約1.1より小さい試料は単分散であり，大きい試料は多分散であるという．代表的な合成高分子では$Đ \approx 4$である．

沈降実験で得られるZ平均モル質量（$\overline{M}_{\mathrm{Z}}$）は平均3乗モル質量を用いる．また，粘度測定で得られる粘度平均モル質量（$\overline{M}_{\mathrm{v}}$）は，$\overline{M}_{\mathrm{n}}$と$\overline{M}_{\mathrm{w}}$の間の値を示すが，ふつうは後者に近い．近年は，サイズ排除クロマトグラフィー（SEC）の方法が普及しており，平均モル質量だけでなく分布も得られる．

▶関連事項◀ 高分子の質量をドルトン（Da）の単位で表すことがある．1 Da $= m_{\mathrm{u}}$である（$m_{\mathrm{u}} = 1.661\times10^{-27}$ kg）．すなわち，ドルトンは注目する分子1個の質量を表すときに用いるもので，モル質量を表すものではない．

10・10 高分子溶液の固有粘度 ★

▶概要◀ 高分子の希薄溶液について，濃度 (c) を変えて粘性率 (η) を測定し，つぎの展開式に合わせれば固有粘度 ($[\eta]$) が得られる．

基本式 No.70

$$\eta = \eta^*(1 + [\eta]\,c + \cdots)$$

η^* は純溶媒の粘性率である．固有粘度は第二ビリアル係数 (p.41 を見よ) に似ており，1/(濃度) の次元をもつ．無限希釈の補外値から固有粘度を求める．

$$[\eta] = \lim_{c \to 0}\left(\frac{\eta/\eta^* - 1}{c}\right)$$

▶解説◀ 高分子溶液の粘性から，溶液中での高分子の形状を推定できるから，固有粘度は重要な物性値である．ただし，溶質間の相互作用を含まないように，無限希釈に補外する必要がある．

溶液の相対粘性率を $\eta_{\mathrm{rel}} = \eta/\eta^*$，比粘性率を $\eta_{\mathrm{sp}} = \eta_{\mathrm{rel}} - 1 = (\eta - \eta^*)/\eta^*$ とすれば，上の展開式はつぎのように表せる．

$$\frac{\eta_{\mathrm{sp}}}{c} = [\eta] + k'[\eta]^2 c$$

ただし，高次の項を省略してある．これをハギンスの式という．高分子の種類や溶媒の種類，温度が一定ならば k' はほぼ一定の値をとる．これをハギンスの定数という．濃度 c は単位体積当たりの質量で表すが，この分野では $\mathrm{g\,dL^{-1}}$ の単位を用いることが多い．そこで，η_{sp}/c を c に対してプロットすれば直線が得られ，濃度 0 への補外により切片から $[\eta]$ が得られ，勾配から k' が得られる．このプロットが直線にならないときは，$(\ln \eta_{\mathrm{rel}})/c$ を c に対してプロットすれば直線に近くなることがあり，その無限希釈の補外値から固有粘度を求める．この場合は，ハギンスの式の代わりにつぎの式を用いたことになる．

$$\frac{\ln \eta_{\mathrm{rel}}}{c} = [\eta] - \beta[\eta]^2 c$$

これをミード-フォースの式という．$\beta + k' = 0.5$ の関係がある．

球形コロイド粒子の溶液の固有粘度は，アインシュタインの粘度式から，$[\eta] = 2.5v$ で与えられる．v は球形粒子の比体積 (単位質量当たりの体積) である．一方，線状高分子の溶液の固有粘度については，つぎのマーク-ホーウィンク-桜田の式が成り立つことが実験的に知られている．

$$[\eta] = K\overline{M}_{\mathrm{v}}{}^{a}$$

K と a は経験的な定数であり，$\overline{M}_{\mathrm{v}}$ は粘度平均モル質量である．

索　　引

あ　行

か

き～こ

さ 行

た 行

な 行

は　行

ま　行

や　行

ら　行

稲葉　章（いなば あきら）
1949年 大阪府に生まれる
1971年 大阪大学理学部 卒
1976年 大阪大学大学院理学研究科博士課程 修了
大阪大学名誉教授
専攻 物理化学
理学博士

第1版 第1刷 2021年12月3日 発行

物理化学の基本式70

著　者　稲　葉　　章
発行者　住　田　六　連
発　行　株式会社 東京化学同人
東京都文京区千石3丁目36-7（〒112-0011）
電話 03-3946-5311・FAX 03-3946-5317
URL: http://www.tkd-pbl.com/

印刷　中央印刷株式会社
製本　株式会社 松岳社

ISBN978-4-8079-2020-4
Printed in Japan

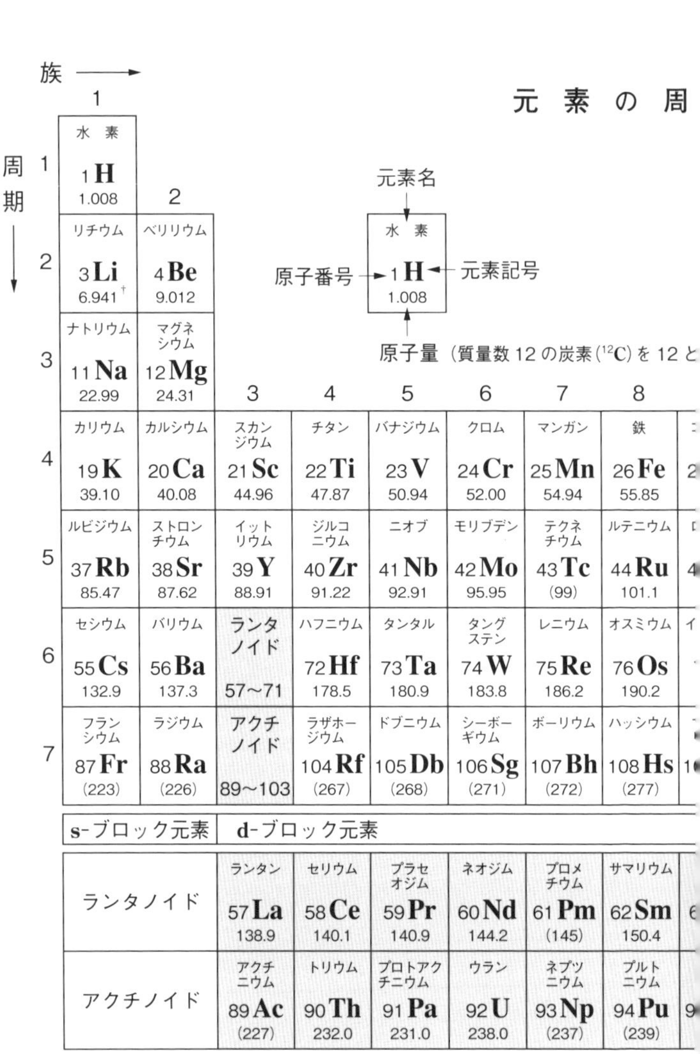

元 素 の 周

族 →　周期 ↓

元素名 ↓ 水素 / 原子番号 → 1 H ← 元素記号 / 1.008 ↑ 原子量（質量数 12 の炭素（^{12}C）を 12 と

周期＼族	1	2	3	4	5	6	7	8
1	水素 1 **H** 1.008							
2	リチウム 3 **Li** 6.941†	ベリリウム 4 **Be** 9.012						
3	ナトリウム 11 **Na** 22.99	マグネシウム 12 **Mg** 24.31						
4	カリウム 19 **K** 39.10	カルシウム 20 **Ca** 40.08	スカンジウム 21 **Sc** 44.96	チタン 22 **Ti** 47.87	バナジウム 23 **V** 50.94	クロム 24 **Cr** 52.00	マンガン 25 **Mn** 54.94	鉄 26 **Fe** 55.85
5	ルビジウム 37 **Rb** 85.47	ストロンチウム 38 **Sr** 87.62	イットリウム 39 **Y** 88.91	ジルコニウム 40 **Zr** 91.22	ニオブ 41 **Nb** 92.91	モリブデン 42 **Mo** 95.95	テクネチウム 43 **Tc** (99)	ルテニウム 44 **Ru** 101.1
6	セシウム 55 **Cs** 132.9	バリウム 56 **Ba** 137.3	ランタノイド 57～71	ハフニウム 72 **Hf** 178.5	タンタル 73 **Ta** 180.9	タングステン 74 **W** 183.8	レニウム 75 **Re** 186.2	オスミウム 76 **Os** 190.2
7	フランシウム 87 **Fr** (223)	ラジウム 88 **Ra** (226)	アクチノイド 89～103	ラザホージウム 104 **Rf** (267)	ドブニウム 105 **Db** (268)	シーボーギウム 106 **Sg** (271)	ボーリウム 107 **Bh** (272)	ハッシウム 108 **Hs** (277)
	s-ブロック元素		**d**-ブロック元素					

ランタノイド	ランタン 57 **La** 138.9	セリウム 58 **Ce** 140.1	プラセオジム 59 **Pr** 140.9	ネオジム 60 **Nd** 144.2	プロメチウム 61 **Pm** (145)	サマリウム 62 **Sm** 150.4
アクチノイド	アクチニウム 89 **Ac** (227)	トリウム 90 **Th** 232.0	プロトアクチニウム 91 **Pa** 231.0	ウラン 92 **U** 238.0	ネプツニウム 93 **Np** (237)	プルトニウム 94 **Pu** (239)
	f-ブロック元素					

ここに示した原子量は実用上の便宜を考えて，国際純正・応用化学連合(I
よるものである．本来，同位体存在度の不確定さは，自然に，あるいは人為
値は，正確度が保証された有効数字の桁数が大きく異なる．本表の原子量を
は，亜鉛の場合を除き有効数字の 4 桁目で ±1 以内である．また，安定同位
質量数の一例を(　)内に示した．したがって，その値を原子量として扱うこ
†市販品中のリチウム化合物のリチウムの原子量は 6.938 から 6.997 の幅をも